全民防灾自救知识读本

——中国灾难医学初级教程

主　编　　　侯世科　樊毫军
副主编　　　韦　薇　张文武　兰　超
参编人员　　（按姓氏笔画排序）

韦　薇	天津大学灾难医学研究院
卢　明	天津大学灾难医学研究院
白　松	天津大学灾难医学研究院
冯晓莉	天津大学灾难医学研究院
兰　超	郑州大学第一附属医院
吕　琪	天津大学灾难医学研究院
刘子泉	天津大学灾难医学研究院
刘文华	深圳市宝安人民医院
张文武	深圳市宝安人民医院
张永忠	天津大学灾难医学研究院
武镇龙	天津大学灾难医学研究院
范　斌	天津大学灾难医学研究院
孟祥艳	天津大学灾难医学研究院
赵艳梅	天津大学灾难医学研究院
胡国瑾	天津大学灾难医学研究院
侯世科	天津大学灾难医学研究院
黄志斌	深圳市宝安人民医院
曹春霞	天津大学灾难医学研究院
梁锦峰	深圳市宝安人民医院
董文龙	天津大学灾难医学研究院
窦清理	深圳市宝安人民医院
樊毫军	天津大学灾难医学研究院

华中科技大学出版社
http://www.hustp.com
中国·武汉

内 容 简 介

本书分为灾害篇,现场急救篇,CPR、AED篇三篇,介绍了各种灾害的自救与应急处理方法。

本书是一本较为实用的防灾自救知识读本,可为灾难救援现场人员提供应对操作方法,并可供从事急救临床、教学人员参考,也对广大读者学习急救知识具有很强的指导性。

图书在版编目(CIP)数据

全民防灾自救知识读本 / 侯世科,樊毫军主编 . —武汉 : 华中科技大学出版社,2020.4
中国灾难医学初级教程
ISBN 978-7-5680-6036-3

Ⅰ.①全… Ⅱ.①侯… ②樊… Ⅲ.①防灾—教材 ②自救互救—教材 Ⅳ.① X4

中国版本图书馆 CIP 数据核字 (2020) 第 064326 号

全民防灾自救知识读本
　　——中国灾难医学初级教程

侯世科　樊毫军　主编

Quanmin Fangzai Zijiu Zhishi Duben——Zhongguo Zainan Yixue Chuji Jiaocheng

策划编辑:蔡秀芳
责任编辑:余　琼
封面设计:刘　婷
责任校对:刘　竣
责任监印:周治超
出版发行:华中科技大学出版社(中国·武汉)　　电话:(027)81321913
　　　　　武汉市东湖新技术开发区华工科技园　　邮编:430223
录　　排:华中科技大学惠友文印中心
印　　刷:武汉市新华印刷有限责任公司
开　　本:787mm×1092mm　1/16
印　　张:7.5
字　　数:107千字
版　　次:2020年4月第1版第1次印刷
定　　价:42.80元

序

随着我国经济和社会的高速发展，突发公共事件频发、多发，公众意外伤害的发生率也呈明显上升趋势，给无数个人乃至家庭带来了不可修复的创伤，同时也给社会造成了巨大的负面影响。2009年12月联合国大会通过决议，将每年10月13日定为"国际减灾日"，目的是为了提高公众防灾减灾意识，普及防灾减灾知识，最大限度减少各种灾难带来的风险。相关调查显示，我国仅有74.70%的公众对急救知识有部分了解，18.30%的人对急救知识完全不了解，与发达国家50%～80%的公众急救知识普及率相比，我国的急救知识普及率尚待提高，灾难急救知识和技能培训远不能满足社会需求。根据2019年国务院印发《健康中国行动（2019—2030年）》的要求，我们要坚持普及知识、提升素养，自主自律、健康生活，早期干预、完善服务，全民参与、共建共享的基本原则，为全方位全周期保障人民健康、建设健康中国奠定坚实基础。

公众意外伤害的发生难以预料，也难以避免。灾难现场，如伤员得不到及时救治或者操作不当，很可能失去成功救治的最佳时机，也可能会对他人或者自身的身体造成伤害。学习灾难现场急救常识，掌握灾难现场急救技能，可以使公众更好地应对突发意外伤害，提升自救互救能力，为后续院前急救人员或专业救援人员争取宝贵时间，最大限度地提高意外伤害的抢救成功率。该读本采用通俗易懂的文字，结合生动有趣的图示，介绍了常见灾害常识、意外伤害的急救知识和自救互救方法，是公众应对灾难意外伤害的必备科普手册。

中国工程院院士

目 录

人命至重，有贵千金。然而，在各种疾病和灾难面前，生命又显得格外脆弱。仅我国，每年有百万人猝死，几十万人因事故灾害死亡，伤残人数难以计数，这些都对人类应对突发灾难提出挑战。

　　发达国家全民急救教育普及率高，而我国目前还有待提高，提升急救意识、强化急救培训刻不容缓。本手册旨在帮助更多人、更多家庭熟知、掌握最基本的灾害知识，学习必备防灾避险、自救互救技能，未雨绸缪，防伤于未然。

一、灾害篇

灾害来临时，人们心理往往经历以下三个阶段。

（1）否认

不接受自己身陷险境的现实。"不会吧？""会不会是邻居装修？""这里从来没发生过地震，没那么巧"……

（2）深思

在接受灾害来临事实后，开始犹豫如何行动。"是跑还是躲还是再等等看？""银行卡、现金、首饰还在柜子里，要拿吗？""从来没碰到过这种情况，我到底应该怎么办？"……

（3）决断

终于想好逃生计划，开始逃生行动。很关键的一点：如果你根本不曾了解应急相关知识和技能，那么你很有可能在这一阶段做出一个令你抱憾终生的决断。

所以，提高应急避险能力，不仅仅是要了解应急相关知识与自救互救技能，更要树立全面的生活风险意识，养成敏捷的应急思维模式，理性、冷静地应对灾害的发生。

● 地震

地震是发生突然、危害严重的自然灾害之一，毁灭性大地震可以造成严重的破坏，造成大量人员伤亡，严重影响着人类的生存与发展。我国处于地震多发地带，统计资料显示，新中国成立以来我国8级以上的地震发生过3次，在各种自然灾害造成的人口死亡数中，地震造成的死亡人数约占54%，排在首位。如1976年唐山大地震造成了20多万人死亡，直接经济损失几十亿元；2008年的汶川地震导致几万人死亡，经济损失巨大。可见，我国是世界上地震灾害频繁、损失严重的国家之一。

地震引发的灾情有哪些特点？

    ➤   **破坏严重**   严重地震灾害的破坏性极强，甚至是毁灭性的。整个城市的建筑、生命供给系统、医疗卫生设备、交通道路和桥梁都可毁于一瞬间，由此造成社会失控甚至瘫痪。

    ➤   **伤亡人数众多**   由于地震的突发性、人口居住密集、建筑物高大等特点，决定了地震灾害发生时伤亡人数众多。较为严重的地震可致伤亡人数达数千、数万甚至数十万。如1976年的唐山大地震，直接死亡人数达到了20多万，重伤16万余人；2008年的汶川地震，直接死亡人数达到了几万人。

➤ **伤情严重复杂** 地震所造成的伤害以多发性损伤和挤压伤为主，常涉及全身多系统、多器官，部分伤员还可涉及烧伤、电击伤等复合伤等。

➤ **继发伤害严重** 地震引起的继发伤害也比较严重和复杂，如余震的伤害，地震引发的火灾、水灾、海啸、滑坡、泥石流、毒气或放射物外泄中毒的伤害，以及地震灾后引发的传染病的流行等，致使灾情更加严重复杂。

➤ **应激损害和心理障碍** 突发地震灾害时，幸存者面对一系列突如其来的打击，如亲属的伤亡、房屋的倒塌、经济财产的损失等，会出现恐惧、焦虑、抑郁、悲伤等心理障碍，出现睡眠障碍或入睡困难、肌肉紧张、发抖、盗汗、尿急尿频、心慌胸闷等一系列生理反应。

地震发生时应该怎么做？

➤ **打开门确保出口** 由于地震的晃动会造成门窗错位，因此要将门打开确保出口。

➤ **保护头部，抓住牢固物体伏而待定** 地震时的剧烈摇动持续1分钟左右，注意保护头部，避开易倒物体。抓住桌腿、床腿等牢固的物体，蹲下或坐下，尽量蜷曲身体，降低身体重心。室内较安全的避震空间有承重墙墙根、墙角或坚固的家具旁；有水管和暖气管道的地方，如卫生间、水房。

> 立即关闭火源　地震时立即关火，失火时立即灭火。关闭火源能防止灾害扩大，即使是小地震也要立刻关闭火源。

> 室外躲开危险的物体　在室外遇到地震时，应注意围墙倒塌，窗户玻璃或广告牌等落下的情况的发生，应到附近较空旷的场所避难。

> 不能使用电梯　在电梯里万一遇到地震，将操作盘上各楼层的按钮全部按下，一旦电梯停下迅速离开。

> 备救生袋　地震后，往往还有多次余震发生，处境可能继续恶化，为了免遭新的伤害，要尽量改善自己所处环境。此时，如果救生袋在身旁，将会为脱险起很大作用。

> 维持生命　如果被埋在废墟下的时间比较长，救援人员未到或者没有听到呼救信号，就要想办法维持自己的生命，尽量寻找食物和饮用水，必要时自己的尿液也能起到解渴作用。

地震发生后如何互救？

➤ 争分夺秒　抢救时间越及时，获救的希望就越大。据有关资料显示，地震等地质灾害发生后的 72 小时内，伤员存活率随时间消逝呈递减趋势。在第一天（即 24 小时内），被救出的人员存活率在 90% 左右；第二天，存活率在 50% ～ 60%；第三天，存活率在 20% ～ 30%。故救援界认为，这个时间段为"黄金 72 小时"。

➤ 坚持先救后找、先多后少的原则　先救治已发现的伤员，后寻找可能存在的伤员，先寻找人员众多的地方，后寻找人员较少的地方。注意：在抢救过程中可通过被埋压人员亲属、邻里的帮助，迅速判断、查明被埋者的位置或贴耳倾听伤员呼救、呻吟、敲击器物的声响及通过露在瓦砾堆外的肢体、血迹、衣服等进行初步判定，进而通过询问、侦听以及反馈的信号来确定被埋者的具体位置，特别要注意门道、屋角、床下等处。一旦弄清位置，立即实施抢救，避免盲目图快而造成不应有的伤亡。

➤ 首先是维护生命　要先将被埋者的头部从废墟中暴露出来，清除口鼻内的尘土，以保证其呼吸畅通。对于伤害严重、不能自行离开埋压处的伤员，应该设法小心地清除其身上和周围的埋压物，再将其抬出废墟，切忌强拉硬拖。

➤ 互救时要注意的事项　对饥渴、受伤、窒息较严重，埋压时间又较长的伤员，在其被救出后要用深色布带蒙上眼睛，避免强光刺激；对于怀疑有脊柱骨折的伤员，搬运时要用硬板担架，严禁采用人架方式，以免加重骨折或损伤脊髓造成伤员终生瘫痪；在挖掘接近伤员时，抢救人员应尽量用手挖刨，防止工具误伤伤员。

● 火灾

火是具备双重"性格"的"神"。火给人类带来文明、进步、光明和温暖。有时它是人类的朋友，但是，有时也是人类的敌人。失去控制的火，将会给人类造成灾难。在各种灾害中，火灾是经常、普遍地威胁公众安全和社会发展的主要灾害之一。

火灾能造成哪些伤害？

1. 直接损伤

➤ 烧伤：火灾现场温度可达 400～1000 ℃，火焰或炙热空气造成皮肤灼伤。

➤ 吸入性损伤：热力及有害、有毒气体造成呼吸道损伤，导致伤员呼吸困难，甚至发生窒息。火灾时因缺氧、烟气造成的人员死亡达火灾死亡人数的 50%～80%。

2. 次生伤害

➤ 中毒：现场泄漏的有毒液体、气体，物质燃烧后产生的浓烟通过皮肤、呼吸道吸收进入人体，可对心、肺、神经系统等造成损害。

➤ 坠落伤：由现场人员慌不择路，采取跳窗、跳楼等不恰当的逃生路径导致的。

➤ 挤压踩踏伤：公共场所发生火灾时，缺乏有效组织疏散、逃生，受困人员四处奔散、相互冲撞导致人为损伤。

火势较小时，怎样灭火？

➤ 最常见的就是用水灭火，但是要注意水不能扑灭以下火灾：

• 镁粉、铝粉、钾、电石等引起的火灾。

• 比水轻、不溶于水的易燃液体，如汽油、酒精等引起的火灾。

• 灼热的金属引起的火灾。

• 带电设备与电器引起的火灾。

➤ 隔离法：将燃烧物体与附近的可燃物质隔离或疏散开，使燃烧停止。

➤ 窒息法：封闭着火局部空间，阻止空气流入燃烧区。可采用沙土、泡沫、浸湿的衣被等覆盖火源。

➤ 化学抑制法：将化学灭火剂喷入燃烧区使之参与燃烧反应，从而中断燃烧的连锁反应。

遇到着火，火势较大难以控制，怎样逃生自救？

▶ **沉着冷静不慌乱**：遇到火灾不要惊慌失措，根据火势和所处位置选择最佳自救方案，争取最好结果。

▶ **防烟堵火很关键**：当火势尚未蔓延到个人所在位置时，关紧门窗，堵塞缝隙，严防烟火窜入。如果发现门、墙发热，用浸湿的棉被封堵，并不断往棉被上浇水，同时，用折成8层的湿毛巾或其他棉织物捂住嘴鼻，俯首贴地，设法离开火场。

▶ **脱离险境路不同**：如果处在底层，火势不可控制时，就迅速夺门而出。较低楼层，如果火势不大或没有坍塌危险时，可裹上浸湿的毯子或被子，快速冲下楼梯。如果楼道被大火封住，可顺外墙排水管下滑或者利用坚韧的绳子从阳台逐层逃生。

▶ **求救信号早发出**：发现火灾，及时报警，要说清火灾具体位置，什么东西着火和火势大小。若火势太大，暂时不能逃生，可不断晃动鲜艳衣物或敲击盆、锅、碗等，或者晃动打开的手电筒，尽早发出求救信号。

▶ **无法逃生紧靠墙**：当火势太大，或者被烟气窒息失去自救能力时，应努力到达墙边，以便于消防人员寻找、营救。

公共场所要细心：去商场、电影院、宾馆等公共场所时要注意观察并牢记进出口、紧急疏散路线的方位及走向。一旦遇到火灾，要听从现场工作人员指挥。一只手放胸前保护自己，另一只手用湿棉织物捂住口鼻，有序逃生，千万不要乘坐普通电梯。

火灾受伤怎么救治？

迅速脱离致伤源：离开火灾现场、烟雾环境。

• 如果被热的液体烫伤，立即脱去被热液浸湿的衣服。

• 如果被生石灰、磷等化学物质烧伤，先将浸有化学物质的衣服脱去，清除创面上的化学物质。

• 如果被电烧伤，首先切断电源，对呼吸、心跳停止者，立即进行心肺复苏。

冷疗：冷敷、冷水浸泡或用流动水冲洗伤处30分钟，可使伤处疼痛明显减轻。

若有心跳、呼吸停止，立即进行胸外心脏按压和人工呼吸。同时拨打120。

保护创面，用干净的毛巾、被单等包裹后转送医院。不要在创面使用食盐、白酒、酱油、红汞药水、中草药粉等，以免加重疼痛、加深皮肤损伤，同时也妨碍医生评估创面损伤深度。

烧伤面积较大者，应尽早建立静脉输液通道、留置导尿管。

排查有无中毒、骨折、内脏破裂出血等合并伤。

化学烧伤者要尽可能明确致伤物质性质、成分，以便有针对性地进行治疗。

电烧伤者要严密注意肢体血运、肢体肿胀、心肺情况，及早处置治疗。

● 水灾

什么是水灾？

　　水灾泛指洪水泛滥、暴雨积水和土壤水分过多对人类社会造成的灾害。一般所指的水灾，以洪涝灾害为主。"洪"，指大雨、暴雨引起山洪暴发、河水泛滥，淹没农田、毁坏农业设施等。"涝"，指雨水过多或过于集中或返浆水过多造成农田积水成灾。水灾威胁人民生命安全，造成巨大财产损失，并对社会经济发展产生深远的不良影响。至今，世界上水灾仍是一种影响较大的自然灾害。

我国洪水分布特点

　　我国的洪水灾害主要发生在4—9月，且一般是东部多、西部少；沿海地区多，内陆地区少；平原地区多，高原和山地少。

洪水自救逃生方法

1. 洪水到来之前

　➤　根据媒体提供的洪水信息，结合自己所处的位置和条件，冷静地选择最佳路线撤离。

　➤　认清路标，明确撤离的路线和目的地，避免惊慌而走错路。

　➤　备足口粮，保存好通信设备。

　➤　确定哪些是较安全的避难场所。

2．洪水到来之时

> 如果来不及转移，也不必惊慌，可向高处转移，等候救援人员营救。

> 为防止洪水涌入屋内，首先要堵住大门下面所有缝隙，最好在门槛外侧放上沙袋，如果预料洪水还会上涨，那么底层窗栏外也要放上沙袋。

> 如果洪水水位不断上涨，应在楼上储备些食物、饮用水、保暖衣物以及烧开水用的工具。

> 如果水灾严重，水位不断上涨，就必须使用任何入水能浮的东西，如床板、门板、箱子、柜子等自制木筏逃生。如果一时找不到绳子，可用床单、被单等撕开来代替。

> 在爬上木筏之前，一定要试试木筏能否漂浮，收集食品、发信号用具（如哨子、手电筒、彩色布条等）、划桨等。在离开房屋漂浮之前，一定要吃些食物和喝些热饮料来补充能量。

> 在离开家门之前，还要把煤气阀和电源总开关等关掉。若时间允许，可将贵重物品用毛毯卷好，收藏在楼上的柜子里。出门时最好把房门关好，以免家产随水漂走。

> 被洪水包围时，要设法尽快与当地政府防汛部门取得联系，报告自己的方位和险情，积极寻求救援。

> 如洪水水位继续上涨，暂避的地方已难自保，则要充分利用身边的救生器材从水上转移逃生。

> 如已被卷入洪水中，一定要尽可能抓住固定的或能漂浮的东西，寻找机会逃生。

> 需要涉水行走时，要选择水流较平缓的地方涉水。面向水流，侧身一步步划步横行，先站稳一只脚后，才能抬起另一只脚。用一根长杆探测及

防止跌倒。

➢　发现高压线铁塔倾倒，电线低垂或断折时，要远离避险，不可触摸或接近，防止触电。

3.洪水驾车注意事项

➢　如果洪水来临时，你正在车里，同时水位迅速上升，那么你要立刻冲出车外，弃车逃到地势比较高的地方。

➢　千万别尝试在已被洪水淹没的公路上行驶。60厘米深的水就能冲跑车辆，使你面临生命危险。

➢　如果你不小心开车到了一个被洪水淹没的地区，那么你应爬上车顶，大声呼叫救命。

➢　汽车沉没水中时应摇起车窗，并打开所有的车灯，作为求救信号。

➢　如果车门打不开，一定要保证车内的人在水面以上。

➢　水漫到下巴的位置时，车外面的水压低一些。这时打开车门，深吸一口气游到水面上。若水压太强打不开车门，应立即设法砸碎玻璃往外爬。

➢　在山区突遇山洪时，应该注意避免渡河，还要注意防范山体滑坡、滚石、泥石流的伤害。

➤ 突遇山洪时，一定要保持冷静，迅速判断周边环境，尽快向山上或较高地方转移。

➤ 突遇山洪时，不要沿着洪道方向跑，而要向两侧快速躲避。被山洪困在山中，应及时与当地政府防汛部门取得联系，寻求救援。

➤ 如果你不能提供帮助千万不要进入灾害发生地带。

➤ 时刻注意安全，特别是在救援船上时。水面上的漂浮物以及水面以

下的物体都会带来危险。

淹溺急救健康科普知识

➤ 什么是淹溺

淹溺又称溺水，是人淹没于水或其他液体介质中并受到伤害的状况。水充满呼吸道和肺泡引起缺氧窒息；吸收到血液循环的水引起血液渗透压改变、电解质紊乱和组织损害；最后造成呼吸停止和心脏停搏而死亡。

➤ 淹溺的主要表现

淹溺伤员表现为神志丧失、呼吸停止及大动脉搏动消失，处于临床死亡状态。近乎淹溺伤员临床表现个体差异较大，与溺水持续时间长短、吸入水量多少、吸入水的性质及器官损害范围有关。可有头痛或视觉障碍、剧烈咳嗽、胸痛、呼吸困难、咳粉红色泡沫样痰等表现。溺入海水者口渴感明显，最初数小时可有寒战、发热。

➤ 淹溺生存链

美国由于改进了急救系统，淹溺死亡率已从 2000 年的 1.45 人 / 10 万人降低到 1.26 人 / 10 万人。欧洲复苏协会提出了淹溺生存链的概念，它包括五个关键的环节：预防、识别、提供漂浮物、脱离水面、现场急救。

淹溺生存链

➤ 淹溺的预防

· 有关部门应根据水源地情况制订有针对性的淹溺预防措施，包括安置醒目的安全标识或警告牌，救生员要经过专业培训。应对所有人群进行淹溺预防的宣传教育。

· 过饱、空腹、饮酒后、服药后、身体不适者避免下水或进行水上活动。儿童、老年人、伤残人士避免单独接近水源。

· 游泳前应做好热身、适应水温，减少抽筋和心脏病发作的机会。

· 远离激流，避免在自然环境下使用充气式游泳圈。不建议公众使用过度换气的方法进行水下闭气前的准备。

· 如有可能，应从儿童期尽早开始进行游泳训练。

· 在人群中普及心肺复苏可大大提高淹溺抢救成功率。

➤ 第一目击者救援

当发生淹溺事件时，第一目击者在早期营救和复苏中发挥关键作用，应立刻启动现场救援程序。

· 首先应呼叫周围群众取得援助，有条件时应尽快通知附近的专业水上救生人员或消防人员，同时应尽快拨打120急救电话。

· 第一目击者在专业救援人员到来之前，可向遇溺者投递竹竿、衣物、绳索、漂浮物等。不推荐非专业救援人员下水救援，不推荐多人手拉手下水救援，不推荐跳水时将头扎进水中。

· 在拨打急救电话时应注意言简意赅，特别要讲清楚具体地点。先说区县，再说街道及门牌号码，最好约定在明显的城市或野外标志物处等候，一旦急救车到来可迅速引领医疗人员到现场。

· 不要主动挂掉电话，并保持呼叫电话不被占线。呼叫者应服从于调度人员的询问程序，如有可能，可在调度指导下对伤员进行生命体征的判断，如发现伤员无意识、无正常呼吸，可在120调度指导下进行徒手心肺复苏。

▶ 溺水的急救方法

1．水中急救

· 自救

① 先不要害怕沉入水中，当人落水之后或发生淹溺时，会对自己沉入水中产生极大的恐惧感，因此就会本能地通过各种挣扎措施（如双手上举或胡乱划水等）试图使自己上浮，殊不知这样做只能适得其反。

② 此时最重要的就是屏住呼吸，放松全身，去除身上的重物，同时要挣开眼睛，观察周围情况。如果身体沉入水中，就让它沉，因水有浮力，且浮力与水深有关，水越深液体压强就越大，浮力也就越大，故沉到一定程度，多数情况下，没有负重的人体就会停止下沉并自然向上浮起。

③ 一旦身体停止下沉并上浮时，落水者应立即采取如下动作：双臂掌心向下，从身体两侧像鸟飞一样顺势向下划水。注意划水节奏，向下划要快，抬上臂要慢，同时双脚像爬楼梯那样用力交替向下蹬水，或膝盖回弯，用脚背反复交替向下踢水，这样就会加速自身上浮。当身体上浮时应冷静地采取头向后仰、面向上方的姿势，争取先将口鼻露出水面，一经露面，立即进行呼吸，同时大声呼救。

④　呼气要浅，吸气宜深，尽可能保持自己的身体浮于水面，等待他人救护。还可实施踩水技术，以避免自己下沉。

⑤　不会游泳及踩水的人不要试图不让自己再次下沉，更不能将手上举或拼命挣扎，这样不但消耗体力，而且更容易使人下沉。如果再次下沉就照之前的方法再做一次，如此反复。

⑥　一定要全身放松，这一点非常重要，这样才能保存更多的体力，坚持更长的时间。

⑦　如果在水深2～3米的游泳池或在底部坚硬的水域或河床发生淹溺，由于底部坚硬，落水者可在触底时用脚蹬加速上浮，浮出水面立即呼救，同样不要害怕再次下沉。如此反复，坚持到救援人员到来。

⑧　用踩水的方法防止下沉。

·　他救

①　发现有人溺水时，救护者应镇静，尽可能脱去外衣裤，尤其是鞋靴，迅速游到溺水者附近。

②　救护者从溺水者背后接近，用一只手从背后抱住溺水者头颈，另一只手抓住溺水者手臂，游向岸边。如被溺水者抱住，应放手自沉，使溺水者手松开，再进行救护。

③ 如救护者游泳技术不熟练，最好携带救生圈、木板或小船进行救护，或投下绳索、竹竿等，让溺水者抓住，再拖上岸。

2. 岸边急救

• 迅速检查伤员

① 意识检查：通过观察、大声呼唤及拍打伤员肩部的方法确认其有无意识丧失，如伤员无反应即可认定伤员已经发生了意识丧失，此时应尽快观察呼吸情况。

② 呼吸检查：用平扫方法观察伤员胸腹部有无起伏，或用看、听、感觉的方法检查，如胸部无起伏，则应断定伤员已经停止呼吸，此时应立即行心肺复苏。

• 对意识清醒伤员的现场急救

① 保暖措施：除了炎热的夏季外，在其他季节抢救溺水伤员时应采取保暖措施。脱去伤员的湿衣服，擦干身体表面的水，换上干衣服，以减少体表水分蒸发。有条件时可用毛毯等物包裹身体保暖，还可充分按摩四肢，促进血液循环，并可酌情给予热饮料。千万不要给伤员饮酒，那样会促进热量的流失。

② 进一步检查伤员：询问伤员溺水原因、落水后的情况以及有何不适

感，有无呛水、喝水等。同时观察伤员口唇及面色，测血压及心率，检查有无外伤等。

③ 送伤员去医院：淹溺伤者可以出现很多生理障碍，且多有后续继发的问题，特别是肺组织的损伤等，故多数伤员需要尽早得到医疗救助，但很多人没有意识到这一点的重要性。

· 对意识丧失但有呼吸伤员的现场急救

除保暖外，还应采取的措施主要是供氧，最好使用呼吸机通过面罩高流量供氧。对于呼吸微弱同时有发绀表现的伤员应实施呼吸支持，如无呼吸机及面罩时可以采取口对口人工呼吸。

· 对意识丧失且无正常呼吸伤员的现场急救

尽快行心肺复苏，有条件者尽快使用除颤器，方法参考本手册第三篇。

● 风灾

风灾指大风对工农业生产以及人类卫生健康状况、生命安全等造成的损害。一直以来，为人们所熟知的可以产生巨大灾难的风灾莫过于台风、飓风和龙卷风。

我们常说的台风、飓风和龙卷风有什么区别呢？

实际上台风和飓风是同一种气象现象，都属于北半球的热带气旋，只不过因为它们产生在不同的海域，被不同国家的人用了不同的称谓而已。在北半球，国际日期变更线以东到格林尼治子午线的海洋洋面上生成的气旋被称为飓风，而在国际日期变更线以西的海洋上生成的热带气旋被称为台风。一般来说，人们把在大西洋上生成的热带气旋，称为飓风，而把在太平洋上生成的热带气旋称为台风。

龙卷风是从强烈发展的积雨云底部下垂的高速旋转着的空气涡旋。龙卷风外形是一个漏斗状的云柱，上面大下面小，从云中下垂，下端有的悬在半空中，有的直接延伸到地面或水面。当龙卷风的底端与水面或地面相接时就分别成为水龙卷或陆龙卷。

飓风名字的由来

在1949年，大西洋一次飓风袭击了佛罗里达州，时任美国总统的哈里斯·杜鲁门正在当地视察，大家说："都怪总统这个祸害招来了飓风！"于是这次飓风就被命名为"哈里"。没过多久，佛罗里达州又遭受飓风袭击，而且比上次更猛烈。大家想：比总统还要厉害的人是……于是这场飓风被命名为"贝斯"，而"贝斯"是总统夫人的名字。由此开始很多国家似乎约定俗成地将飓风用女性的名字命名，直到1979年引入男名"鲍伯"，之后，世界气象组织开始"男女交替"地给飓风命名。

台风名字的由来

1997年，世界气象组织（WMO）台风委员会第30次年度会议在香港举行，会议规定采用具有亚洲风格的名字为台风命名，由亚太地区的14个相关国家和地区各提供十个名字，轮流使用。颇具"人性化"的是，命名规则中提到，如果某个台风确实造成了巨大伤亡，有关成员可以提出换名申请，将其"除名"。如2013年的台风"海燕"登陆菲律宾，造成菲律宾6000多人死亡，经济损失达36.4亿美元；2016年的台风"莫兰蒂"登陆我国福建省厦门市，造成交通瘫痪，直接经济损失达102亿元。

风灾灾害分几级？

风灾灾害等级一般可划分为3级：

➤ 一般大风：相当于6～8级大风，主要破坏农作物，对工程设施一般不会造成破坏。

➤ 较强大风：相当于9～11级大风，除破坏农作物、林木外，对工程设施可造成不同程度的破坏。

➤ 特强大风：相当于12级和以上大风，除破坏农作物、林木外，对工程设施和船舶、车辆等可造成严重破坏，并严重威胁人们生命安全。

风灾来临我们怎么办？

➤ 准备食物、饮用水、药品和日用品，如面包、矿泉水、创可贴、止泻药、手电筒、雨衣等。

➤ 将窗户用胶布贴上米字，将窗台、屋顶等处的杂物搬到室内。

➤ 加固室外悬空设施，拆除简易的临时建筑物。

➤ 低洼地带要垫高屋内的家具，将电器搬至高处。

➤ 尽可能待在建筑物内，不要外出，做好转移到安全地区的准备。

➤ 若起风时正在户外，要注意低头弯腰，躲避大风刮起的杂物，尽快找到安全的建筑物躲避。

➤ 遇到有人受伤，首先寻找安全地带躲避，再打 120 电话寻求帮助。

➤ 风灾过后，防疫防病、消毒杀菌工作要及时跟上。

泥石流

泥石流是由于暴雨、暴雪或山洪引发的山体滑坡现象，水流中夹带有大量泥沙、石块顺坡流动，这种灾害性的地质现象主要发生在山区。泥石流大多伴随山区洪水而发生。通常爆发突然、来势凶猛、历时短暂，可携带巨大的石块，并且常常高速前进，因而破坏性极大。

泥石流有哪些危害？

常见的是泥石流冲进乡村和城镇，摧毁工厂、企事业单位及其他场所设施，造成人畜伤亡，破坏房屋及其他工程设施，破坏农作物、林木及耕地。造成的危害包括以下方面。

（1）对交通的危害　泥石流可直接埋没车站、铁路、公路，摧毁路基、桥涵等设施，致使交通中断，造成重大的人身伤亡事故，甚至迫使道路改线，造成巨大的经济损失。

（2）对水利工程的危害　主要是冲毁水电站、引水渠道及过沟建筑物，淤埋水电站尾水渠，并淤积水库、磨蚀坝面等。

（3）对矿山的危害　主要是摧毁矿山及其设施，淤埋矿山坑道、伤害矿山人员、造成停工停产，甚至使矿山报废。

（4）其他危害　泥石流有时也会淤塞河道，不但阻断航运，还可能引起水灾。

泥石流发生前有哪些征兆？

➤　河流水势突然加大，并夹有较多柴草、树枝。

➤　深谷或沟内传来类似火车轰鸣或闷雷般的声音。

➤　下游河水突然断流，也可能是上游有滑坡堵河、溃决型泥石流即将发生的前兆。

➤　沟谷深处突然变得昏暗，并有轻微震动感等。

➤　当山坡地面出现裂缝时，有可能发生滑坡。

➤　当斜坡局部沉陷时有可能发生滑坡。

➤　山坡上建筑物变形，而且变形建筑物在空间展布上具有一定的规律，将有可能发生滑坡。

➤　泉水、井水的水质混浊，原本干燥的地方突然渗水或泉水蓄水池大量漏水时，将有可能发生滑坡。

➤　地下发生异常响声，同时家禽、家畜有异常反应，有可能发生滑坡。

如何紧急避险和自救？

➤　发现有泥石流迹象时，应沉着冷静，不要慌乱。

➢ 不要在谷地停留，应迅速向两侧山坡或高地逃离，并尽快在周围寻找安全地带。

➢ 一旦发现泥石流，要立即向与泥石流成垂直方向的山坡上面爬，爬得越高越好、越快越好，绝对不能向泥石流的流动方向走。

➢ 跑动时应注意查看前方道路是否存有塌方、沟壑等，并随时观察可能出现的各种危险，如掉落的石头、树枝等。

➢ 逃生时，要抛弃一切影响奔跑速度的物品。

➢ 无法继续逃离时，应迅速抱住身边的树木等固定物体。

➢ 不要躲在有滚石和大量堆积物的陡峭山坡下面。

➢ 如果待在房屋内，则一定要设法从房屋里跑出来，到达开阔地带，尽可能防止被埋压。

➢ 遇到山体崩滑时，如果躲避不及，应注意保护好头部，可利用身边的衣物裹住头部。

如何互救？

➤ 一旦发现河谷里有泥石流形成，应迅速并大声通知大家转移，可以用敲盆、吹哨等方式发出警报。

➤ 在逃离过程中，应照顾好老、弱、病、残者。

➤ 抢救被滑坡掩埋的人时应先将滑坡体后缘的水排干，再从滑坡体的侧面进行挖掘。不要从滑坡体下缘开挖，这会使滑坡速度加快。

交通事故

据世界卫生组织统计，全世界每年有120多万人死于交通事故（平均每天3000多人），有2000万人至5000万人受伤。据相关报道，中国汽车保有量较高，交通事故死亡人数占全球16%，连续多年占世界第一。

诱发因素

> 酒后驾车

酒精刺激导致司机兴奋，但反应及判断力均下降，易诱发恶性交通事故。

> 疲劳驾驶

驾驶员疲劳时，会出现视线模糊、精神涣散、腰酸背痛、判断力下降、反应迟钝，操作失误会增加。

➤ 超速行驶

十起事故九起快。超速行驶，加大了车辆的工作强度和负荷，加剧了机件的磨损和损毁，同时速度越快，驾驶员视野越窄，可供反应时间越短，车辆操控性越差。

➤ 车辆超载

车辆超限超载，质量增大而惯性增大，制动距离延长，危险性增大。如果严重超载，则会因轮胎负荷过重、变形严重而引起爆胎、突然偏驶、制动失灵、翻车等事故。

> 行人交通违法

　　行人闯红灯、不走人行道、跨越隔离栏等交通违法行为易导致交通事故，由于行人相对于机动车处于"弱者"地位，一旦发生交通事故，行人往往受到严重的伤害。

如何自救、互救？

➤ 在事故现场周边放置危险警示标志，如故障车警告标志牌等，防止其他危险再度发生。

➤ 设法打交通事故报警电话"122"。如有伤员，应及时拨打急救电话"120"。报警时报告事项如下：

- 发生事故的地点。
- 是什么样的事故，如车撞车、车撞物、翻车等。
- 有无其他连锁事故，如起火、爆炸、建筑物倒塌等。
- 多少人受伤。

➤ 如果有严重外伤出血，可将头部放低，伤处抬高，并用干净的手帕、毛巾在伤口上直接压迫或把伤口边缘捏在一起止血。

➤ 伤员有开放性骨折和严重畸形时，不应急于搬动伤员或扶其站立，以免骨折断端移位，损伤周围血管和神经。

➤ 当突发呼吸、心跳停止时，要及时对伤员进行心肺复苏抢救，如能在 4 分钟内开始，成功率最高。方法参考本手册第三篇。

➤ 对于一般的伤员，可根据不同的伤情予以早期处理，让他们采取自认为恰当的体位，耐心地等待有关部门前来处理。

➤ 就近寻找合适的场地，临时安置伤员。

● 核与辐射事件

核辐射常识

1. 什么是核辐射?

核辐射是原子核从一种结构或一种能量状态转变为另一种结构或另一种能量状态过程中所释放出来的微观粒子流。因核辐射可引起物质电离,也称为电离辐射。

2. 人类受到的核辐射有哪些?

人类受到的辐射照射有天然的,也有人工的。日常生活中天然辐射是人类的主要辐射来源,约占总份额的85%。

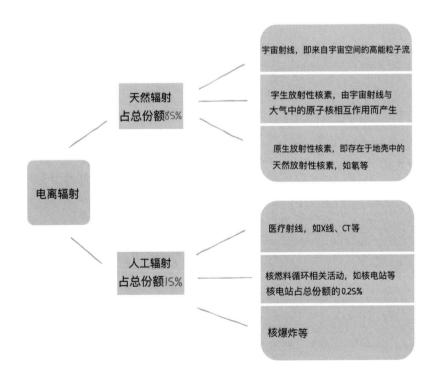

3. 辐射对人体的影响

当辐射受照剂量超过一定剂量时，就可能对人体产生不同的危害（见下表）。

受照剂量（毫希沃特（mSV）或毫戈瑞）	临床表现
<250	一般无明显临床症状
250～1000	血象有轻度暂时性变化，无其他临床症状，但有可能有迟发效应，总体上对个体没有严重效应
1000～2000	可出现恶心、疲劳，1戈瑞以上受照剂量可能会使20%～25%的受照人员发生呕吐，血象有明显变化，白细胞减少，骨髓造血功能受抑制，可引起轻度急性放射病，可治愈，预后良好
2000～4000	受照射24小时内出现恶心和呕吐，潜伏期一周后出现毛发脱落、厌食、全身虚弱及喉炎、腹泻等临床症状，如既往身体健康或无并发症者，短期内有望恢复
4000～6000 半致死剂量	受照射后几小时内发生呕吐、恶心，潜伏期约有一周。两周后可见毛发脱落、厌食、全身虚弱、体温增高。第三周出现紫斑、口腔及咽部感染。第四周出现皮肤苍白、鼻出血、腹泻，并迅速消瘦。未经治疗50%个体死亡
≥6000 致死剂量	受照射后1～2小时发生呕吐、恶心、腹泻。潜伏期短，一周后出现厌食、全身虚弱、体温增高、紫斑、口腔及咽部发炎感染，并迅速消瘦。未经治疗接近100%个体可能死亡

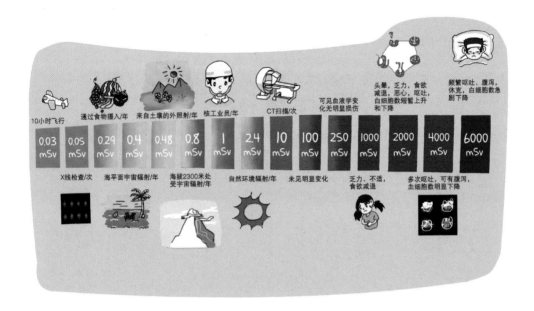

4．射线应该如何防护？

辐射对人体的照射方式有两种：外照射和内照射。外照射是体外辐射源对人体造成的照射，而内照射是指进入人体内部的放射性核素对人体造成的照射。对于两种照射方式，有两种不同的防护方法。

➢ 外照射防护

就外照射防护而言，首先要尽可能地降低辐射场的强度；如果辐射场的辐射强度不能再降低，可采用下述方法进行防护。

（1）缩短受照时间。

（2）增大与辐射源的距离。

（3）在人与辐射源之间设置屏蔽。

➢ 内照射防护

内照射主要是指放射性物质通过食入（口）、吸入（鼻）、皮肤渗透或伤口进入人体对人体造成的照射，因此，采取隐蔽、佩戴口罩、避免皮肤暴露和避免食用放射性污染的食品和水是防止内照射较为有效的方法。

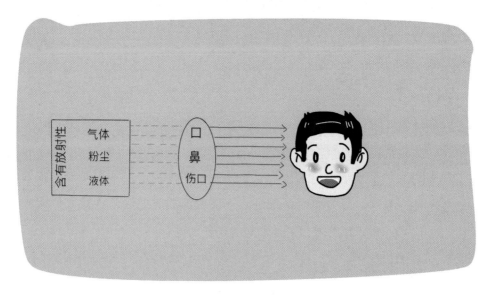

5. 什么是核与辐射突发事件？

核与辐射突发事件是指由于核设施、核武器和其他辐射装置的不正常或非正当运行与使用，对社会系统的基本价值和行为准则产生严重威胁，并需要立即对其做出关键决策的事件。从广义上讲，核与辐射突发事件包括一切以放射性危害为主要特征的重大事件，如核武器攻击、严重核电站（设施）或放射源事故、核潜艇失事等，但目前最受关注的是各种核与辐射恐怖活动。

6. 什么是核恐怖袭击?

核恐怖袭击是指恐怖分子使用各种与核相关的手段来实施恐怖袭击和破坏，达到其恐怖主义的目的。核恐怖手段是多种多样的。比如，通过偷盗、走私、非法贸易等各种手段获得核武器、核材料、核废料或者放射性物质，并通过使用或威胁使用这些非法获得的核武器或核物项，达到危害人、财产和环境的目的。其中，最简单易行的就是制造"脏弹"。

7. 核事件等级是如何划分的?

国际原子能机构（IAEA）将核事件按照严重程度分为7级：较高的级别（4～7级）被定为"事故"，较低的级别（1～3级）为"事件"。不具有安全意义的事件被归类为分级表以下的0级，定为"偏离"。与安全无关的事件被定为"分级表以外"。其中1986年发生的切尔诺贝利核电站泄漏事故和2011年的福岛核电站泄漏事故均属于7级核事故。

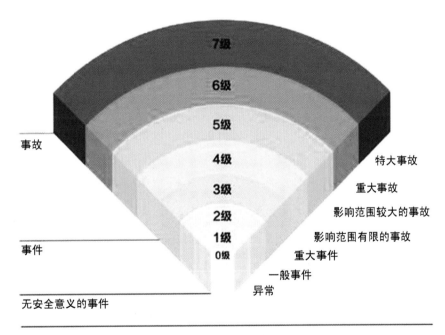

国际核事件分级表

8. 核事故发生时普通公众应该如何防护？

➤ 听到警报后快速进入室内隐蔽，关好门窗和通风系统，防止辐射物质飘入。

➤ 戴口罩或用湿毛巾掩住口鼻。

➤ 收看电视或广播，利用电话、网络等手段了解事故情况和应急指挥部的进一步指示。

➤ 接到统一服用碘片的命令时，遵照说明，按量服用。

➤ 接到对饮用水和食物控制的命令时，不饮用露天水源中的水，不吃污染的粮食和蔬菜。

➤ 听到撤离命令时，随身携带贵重物品，听从指挥，有组织地到指定地点集合后撤离或避迁。外出时尽可能戴好面罩或口罩，戴上帽子、头巾、眼镜、手套，穿好靴子，用雨衣或塑料布、床单等把暴露皮肤遮盖，扎好裤口、袖口、领口，避免放射性物质从呼吸道和皮肤吸收进入体内。

➤ 若怀疑身体有放射性污染，可进行全身淋浴，用温水加肥皂水或洗涤剂清洗三次以上，同时注意清洗鼻腔、口腔和外耳道，防止放射性物质从皮肤吸收进入体内。

9. 服食碘片能防辐射吗？

在出现核电站事故的情况下，服用碘化钾药片的目的是使甲状腺吸收的碘达到饱和，防止对放射性碘的吸收。如果在暴露发生前或者发生后不久服用，可以降低罹患癌症的风险。但是，碘化钾片并不是"辐射解毒剂"。除了阻止放射性碘在甲状腺沉积之外，它不能防止外照射，也不能阻止其他放射性物质带来的危害。碘化钾片有诸多副作用，同时有一些禁忌证，如甲状腺功能低下或肾功能不良者服用可能引起并发症。因此，只有得到需采取这一措施的明确的公共卫生建议时，才能在医生或专家的指导下服用。

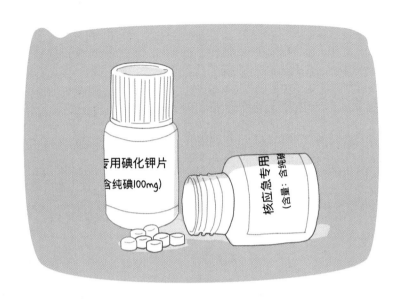

10. 碘盐等含碘食品能否替代碘片？

碘盐中碘的存在形式是碘酸钾（KIO_3），在人体胃肠道和血液中转换成碘离子后被甲状腺吸收利用，目前市面上碘盐中碘的含量约为 35 毫克 / 千克。碘片中碘的存在形式是碘化钾（KI），碘含量为每片 100 毫克。成人需要一次摄入碘盐约 3 千克才能达到预防的效果，远远超出人类能够承受的盐的摄入极限。因此，通过食用碘盐达不到阻止放射性碘沉积到甲状腺的效果。

● 生物恐怖事件

1. 什么是生物恐怖？

生物恐怖是指恐怖分子基于某种政治目的，以传染病原体或其产生的毒素作为恐怖袭击的战剂，通过一定方式进行攻击，从而造成人群中传染病的暴发、流行或导致人们中毒，导致人的失能和死亡，以达到引起人心恐慌、社会动乱目的而进行的罪恶活动。

2. 生物恐怖离我们有多远？

➤ 生物武器一直处于秘密研制之中。

➤ 一些与生物武器有关的恐怖事件不断发生。

➤ 应用生物学诱导、基因改构与合成等技术增大产量和增高纯度，或改变结构或增强致病性、抵抗力，生成新的病原体，即研制形成所谓的"基因武器"。针对某种动植物、某特定人种的所谓的"基因武器"处于秘密研制之中。

3. 生物恐怖会以什么方式进行袭击？

➤ 气溶胶污染空气。这是进行生物恐怖袭击时最可能的袭击方式。

➤ 污染食品和水。这是常见的生物恐怖手段，最适合破坏活动，引起人类恐慌。

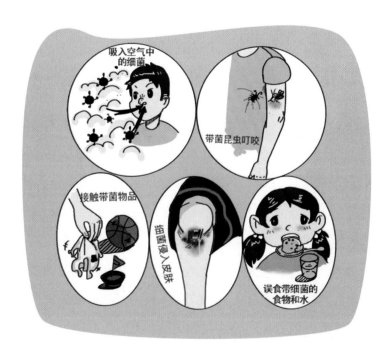

　　媒介传播。通过受感染的天然节肢动物宿主，如蚊子、蜱或跳蚤等传播病原体。

　　其他方式。①二次污染。吸附微小生物的灰尘粒子对传染剂的生物存活、毒素活性的长期维持的影响以及对气溶胶扩散时的保护作用，使被污染物的表面存在二次污染的危险性。②人—人传播。人体是最不易被察觉而且高效的传播者。所以，潜在生物战剂能够在人与人之间发生传播。

4．用于恐怖袭击的生物战剂主要有哪些？

　　细菌类：细菌、衣原体、立克次体，如炭疽杆菌、鼠疫杆菌和霍乱弧菌等。

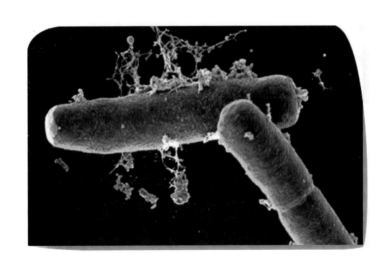

　　病毒：SARS 病毒、天花病毒、埃博拉病毒等。

　　真菌：荚膜组织胞浆菌、球孢子菌等。

　　毒素：肉毒毒素、蓖麻毒素、河豚毒素、白喉杆菌毒素等。

5．什么是基因武器？

基因武器是指利用基因工程技术而研制出的新型生物战剂。它是在基因工程的基础上，采用遗传学的方法，通过基因重组，把特殊的致病基因移植到微生物体内而制造出的新一代生物武器。基因武器也称为第三代生物战剂。

6.基因武器有哪些?

➤ 微生物基因武器：对微生物进行基因修饰从而产生具有新特性的生物战剂；病原体优势基因重组形成全新病原体。

➤ 毒素基因武器：通过生物技术增强其毒性和产量。

➤ 种族基因武器，也称"人种炸弹"：针对某一特定民族或种族群体的基因武器。

➤ 转基因食物（药物）武器：利用基因技术对食物进行处理，制成强化或弱化基因的食品，诱发特定或多种疾病，降低对方的战斗力；研制转基因药物，采用药物诱导或其他控制手段，既可削弱对方的战斗力，也可增强己方士兵的作战能力，培育未来的"超级士兵"。

➤ 克隆武器：利用基因技术克隆产生极具攻击性和杀伤力的"杀人

蜂""食人蚁""巨鼠"等新物种。

7. 生物恐怖应如何防护？

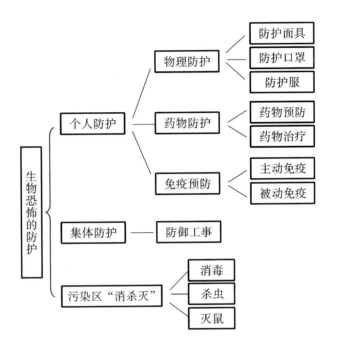

个人防护

选用防护器材，主要做好戴、扎、涂、服。

➤ 戴：戴防毒面具、口罩或用毛巾捂住口、鼻，戴手套、防护帽，穿塑料衣、胶靴等。

➤ 扎：扎好袖口、裤脚，将上衣扎在裤腰内，围好颈部。

➤ 涂：在身体暴露部位涂抹防虫油或驱虫剂。

➤ 服：直接接触生物战剂的人员，可服用高效、长效预防药物。

药物预防对象

➤ 与生物战剂有密切接触者。

➤ 已食用或吸入生物战剂者。

➤ 曾接触因生物战剂而发病或死亡者。

➤ 被带有生物战剂昆虫叮咬者。

➤ 必须留在疫区、污染区工作者。

集体防护

➤ 听到警报信号后，立即进入人防工程。

➤ 在污染区的人员应该采取如下措施。

（1）隔离、封锁

对敌人施放生物战剂所造成的污染区和引起鼠疫、霍乱、天花等烈性传染病的疫区及时警戒，实行封锁，禁止无关人员出入。对传染病病人进行隔离治疗。

（2）污染区的"消杀灭"

· 消

人员消毒：①被污染人员可淋浴或用肥皂水擦洗被污染部位；②用碘酒、个人消毒包擦拭，或用净水冲洗；③对被污染的衣物、仪器、环境进行消毒。

衣服消毒：日晒、蒸煮、洗涤。

食物消毒：蒸煮。

食具消毒：用漂白液浸泡。

环境消毒：用消毒液喷洒、刷洗。

- 杀虫、灭鼠：

杀虫：打、捕、烧、熏或喷洒杀虫药。

灭鼠：打、扑、挖、灌或用毒药灭鼠。

对传染病的防护

➤ 控制传染源

由于发病初期出现传染病症时，传染性最强。因此对传染病病人，要尽可能早发现、早诊断、早治疗、早隔离，防止传染源扩散。同时采取行动消灭传播疾病的蚊子、苍蝇、老鼠、蟑螂等。

➤ 切断传播途径

①尽量不与隔离人员和物品接触。

②注意包扎伤口，养成皮肤消毒习惯。

③保护好食物，不吃不洁净食物。

④进行个人呼吸道防护，防止吸入带菌空气。

⑤平时要养成良好的卫生习惯，提高自身的防护能力。

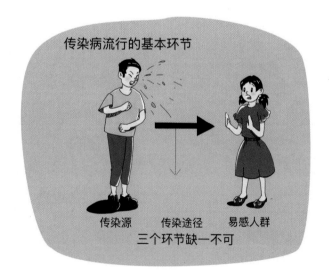

> 保护易感人群

①在传染病流行期间，要注意保护老年人、儿童、体弱多病者，避免易感人群与污染源接触。

②对易感染者进行预防接种，提高他们的免疫力。

③易感染者应积极参加体育运动，锻炼身体，增强抗病能力。

突发化学事故

1. 什么是突发化学事故？

突发化学事故通常指有毒有害化学品在生产、使用、储存和运输等过程中突然发生泄漏、燃烧或爆炸，造成或可能造成众多人员的急性中毒或较大的社会危害，需要组织社会性救援的化学事故。

2. 突发化学事故的特点

> 突发性：突发化学事故往往在瞬间发生，危害范围大，泄漏的毒物污染空气、土壤、水和食物，引起多人中毒，甚至死亡。

> 群体性：由于此类灾害多发生在公共场所或人员密集区，来源于同一污染源，因此很容易出现同一区域的群体性中毒。

> 快速性和高度致命性：高浓度硫化氢、氮气、二氧化碳，可在数秒钟内使人"电击样"死亡。

> 危害大：化学事故在危害程度上远远大于其他一般事故。如温州电化厂液氯钢瓶爆炸事故中毒治疗人数达 1200 多人，死亡人数达 59 人。

> 抢救的艰难性：化学事故中往往突然发生很多人同时中毒。大部分毒物中毒过程呈进行性加重，有的毒物中毒还具有一定的潜伏期。因此，若能在短时间内实施毒物清除和救治，救治成功率较大。

> 复杂性：由于人员众多、地域复杂、中毒物质的不确定，给救援工作带来极大难度。

> 作用时间长：危险化学品事故后化学毒物的作用时间较长，消失较为困难，有持久性的特点。

> 公众恐惧心理加重：由于公众对此类事件没有足够的专业知识，容易形成恐惧心理，引起社会恐慌。

> 伤员的远期效应应重视：危险化学品事故致伤的伤员的远期效应应引起足够重视。

3. 突发化学事故的原因

> 自然因素：强烈地震、海啸、火山爆发、龙卷风、雷击及太阳黑子周期性的爆炸引起地球环流的变化，可造成大型化工企业设施破坏，引起燃烧、爆炸，使有毒有害的化学物质外泄，造成突发化学事故。这类灾害由于与自然现象有关，难以预测，预防有一定的困难。

> 人为及技术因素：一般指人类在化工生产、储存及运输等过程中，对从事的岗位工作未掌握客观规律或因违章、失职等引起的化学事故。

> 敌对（恐怖）分子破坏或战争因素：国家或政治集团之间发生战争，使该地区人类生存环境遭到破坏，大量有毒有害的化工原料、产品外泄发生燃烧、爆炸，造成化学事故。另外，针对化工设施（包括危险化学品运输车辆）进行恐怖袭击也是恐怖分子容易采用的一种恐怖手段。

4. 突发化学事故的毒源有哪些?

• 固定毒源：一般是生产剧毒化学品的工厂，以及储存危险化学品的仓库、储罐。另外，输送化学品的管道也是重要的毒源。有些化学中毒并不是因为固定毒源的泄漏，而是由建筑物的装饰材料在燃烧时释放出的有毒气体引起的。

· 流动毒源：处于运动状态的，在公路、铁路、水面上的一些化学品运输设备。这类毒源发生化学事故的偶然性大，发生时间和地点难以预料，应急处置的预案也难以制订。

5. 化学毒源的危害方式有哪些？

化学事故中，毒物可通过蒸汽、雾、烟、微粉和液滴五种状态进入人体。

6. 突发化学事故的危害区域如何划分？

突发化学事故的危害范围及毒害程度主要取决于与事故中心区域距离的远近。距离越近，毒害程度越重；离事故中心越远，则危害相对较小。按照危害程度不同分热区、温区和冷区。

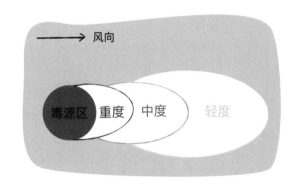

7. 化学事故染毒区人员疏散时应注意什么？

如事故物质有毒时，需要使用个体防护用品或采用有效的防护措施，并有相应的监护措施；应向事故区域上风方向的两侧转移，即侧上风方向，转移中应有专人引导和护送疏散人员到安全区，并在疏散或撤离的路线上设立哨位，指明方向；不要在低洼处滞留；要查清是否有人留在染毒区未出来。为使疏散工作顺利进行，每个事故装置区内至少有两个畅通无阻的紧急出口，并有明显标志。

● 暴恐事件

首先要时刻做好应对暴恐袭击的准备，千万不要以为暴恐永远不会降临到你身上。应急包、急救包之类的东西可以常备。

远离暴恐事件的准备

➤ 进入一个陌生环境，如入住酒店、在商场购物、进入娱乐场所时，务必留心疏散通道、灭火设施、紧急出口及楼梯方位等，以便关键时刻能尽快逃离现场。

➤ 日常生活中，在脑中演练一下遇到暴恐袭击时该如何反应，在小区附近、单位附近、经常光顾的商场附近找找看，有没有关键时候可以用上的掩体或躲避的场所、反抗的物品。

➤ 一旦遇到暴恐袭击，千万不要在意钱物，千万不要为了钱物又返回现场。

➤ 千万不要慌乱，镇定下来，理性分析形势，合理选择路线，能跑就跑，能躲就躲，实在不行，就想办法战斗。

➤ 平时别总是埋头看手机，尤其在人多密集的时候，要保持一定的警觉。

➤ 看到可疑的人和物品，要在第一时间报警。

➤ 要尽量远离人员密集的场所，因为那是恐怖分子最喜欢的地方，恐怖分子的原则是在最短时间内伤害最多的人。

➤ 不要养成喜欢围观的陋习。

➤ 保证安全的情况下，尽快报警，警察越早来，你就越安全。

遇到暴恐事件怎么应对？

1. 遇到持械恐怖袭击

➤ 能跑掉的时候跑掉当然是第一选择。

➤ 如果跑不掉，比如封闭场所无法跑，带着妻儿老小不能跑，受伤了跑不动，这时要记住，反抗是最好的防守，要勇于回击。

➤ 如果跟恐怖分子战斗上了，对方如果是长武器，要抓住机会近身抱住，与他纠缠在一起；如果是短武器，千万不可上前，最好用拖把等作为武器，以长制短；如果被追上了，要就地仰面躺下，用脚蹬恐怖分子，让其无处下手；如果刀已经砍上来了，用四肢格挡，保护脖颈、胸腹等要害部位。

请大家牢记：不要放弃希望，坚持抗争，下一秒警察就会抓住他。

2. 遇到枪击恐怖袭击

➤ 最重要的就是要就地卧倒，千万不要惊慌失措地乱跑，就算警察来了也别乱跑，枪战中站起来是最危险的。

➤ 能寻找到掩体那就最好了，墙壁是最好的掩体，不要躲到垃圾桶后面，垃圾桶挡不住子弹。

➤ 更不能躲到玻璃门窗附近，炸碎的玻璃，杀伤力非常大。

3. 遇到爆炸袭击

➤ 将要发生爆炸时，就近隐藏或者卧倒，卧倒时要俯卧，头部远离爆炸物，护住身体重要部位。

➤ 爆炸完之后要用口罩、手帕或衣角捂住口鼻，防止吸入烟雾和毒气。

➤ 如果撤离，要注意尽量"溜边"走，防止被挤倒踩踏；人员拥挤时，要用一只手紧握另一只手手腕，双肘撑开，平放于胸前，形成空间，保持呼吸顺畅。

> 若被挤倒，要把身体蜷成球状，保护好身体重要器官。

4.遇到车辆冲撞恐怖袭击

> 尽量找可利用的掩体（如街角、树木、高台、水泥墩等）躲起来，大家在街上遇到的大圆石头墩子，那不是装饰品，那就是让你躲避车辆冲撞用的。

> 千万要远离玻璃橱窗，因为撞碎的玻璃对人的伤害更大。

> 如果实在无法躲藏，切记不要背对着汽车逃跑，双脚是跑不过汽车的，要面向或者侧向来袭汽车，连续向左或向右，如果已经离得很近了，要连续做"S"形或者"O"形滑动使汽车不停转向，寻找机会摆脱。

> 如果手里有东西，衣服、鸡蛋、面粉之类的，都甩到车玻璃上，干扰恐怖分子的视线。

5.遇到纵火恐怖袭击

> 第一时间远离着火点。

> 如果火势不大，要积极灭火，防止置小火于不顾，乱叫乱窜酿成大灾。

> 火势大时，要注意捂好口鼻，保护自己。

> 如果火已经上身，不要乱跑，脱掉衣服或者就地打滚。

> 在高处时不要盲目跳楼，关好门窗阻隔火势、等待救援也是好办法。

> 如果在公交车上，要用应急锤击碎玻璃后逃生。

6.被恐怖分子劫持

> 尽量不要反抗，最好静待救援。

> 尽量不要和恐怖分子对视和对话。

> 要尽可能隐藏自己的通信工具，有机会的时候用来求救。遇到劫持飞机的恐怖分子时，要仔细看清楚劫机者到底有几个人，寻找机会制服他们，劫机者被制服的例子很多。

> 若有人把包扔在公交车上马上匆匆离去，形迹可疑，如果能够判明包里是炸弹，自己又不方便跑掉，应赶紧拿起来扔出去，扔得越远越好。

请大家牢记：保护好自己，就是对各类犯罪，最大的打击！

踩踏

踩踏是指在某一事件或活动中，因人群聚集，过度拥挤，致使一些人甚至多数人因行走或站立不稳倒地未能及时爬起，短时间内场面无法及时控制，发生的被人踩在脚下或压在身下的事故。学校、电影院、运动场馆、演艺中心、节日集会场所、车站等人群集中的地方是踩踏事故的高发地点。发生在学校的踩踏事件次数最多，但造成的后果相对较轻；发生在公共娱乐场所及宗教场所的踩踏事件次数虽然较少，但易造成群死群伤的严重后果。

造成踩踏的原因

拥挤是发生踩踏最主要的原因，好奇心会驱使人们到人多拥挤的地方"探究竟、看热闹"，致使人员过于集中引发踩踏；其次，人们对危险预警不够敏感，往往刚刚意识到危险就被人群踩在脚下。人群集中向前行进时，前面有人摔倒，后面的人看不到前面的情况继续前行，会被前面的人突然绊倒，从而引发"多米诺骨牌"效应，连锁倒地，拥挤踩踏；再有，人们在突发状况下容易"慌不择路"，造成紧张氛围，进而发生意外。在人员密集的场合，遇到突发事件，如失火、爆炸、枪声等刺激因素，人群突然受到惊吓，产生恐慌，出现骚动，进而引发踩踏事故。

如何预防踩踏的发生？

➤ 提高公众的安全避险意识，尽量避免去人多拥挤的地方。

➤ 在空间有限、人群又相对集中的场所，一定要提高安全防范意识，留心出口和紧急通道。遇到紧急情况时，参与活动的人员要听从指挥，不要慌乱，有序退出。

➤ 当人潮拥挤时，对于有潜在风险的场所要有危机预判意识，尽量避免进入。例如，木桥、山崖、水面等均为有潜在风险的场所。

➤ 举止文明，在人群中不把自己的情绪过度宣泄，不煽动人群，不作为踩踏事故的诱因。发现其他人不文明的行为要进行劝阻和制止。

➤　人多时不拥挤、不起哄、不制造紧张或恐慌气氛。

➤　对于有较多人员参与的大型活动，组织方要安排好，制订完善的应急处置预案，及时掌握现场情况，包括场地和人数以及疏散通道等。

发生踩踏事故时怎么办？

➤　保持自我防范意识，在踩踏事故发生的初期防患于未然，当遇到人群有情绪激动、愤怒、恐慌、兴奋等骚动先期征兆时，应第一时间撤出拥堵区域，做好防护准备。

➤　发现拥挤的人群向自己冲过来时，立即避让，不要慌张，避免摔倒。遇到可以躲避的商店、咖啡厅等可以入内暂避。

➤　人流涌动时，应顺流而走，切不可逆流而行，否则，容易被人流推倒，造成损伤。

➤　陷入拥挤的人流时，一定要稳住自己的重心，鞋子被踩掉也不要弯腰去捡，也不要去系鞋带，以免摔倒。

➤　在人群当中，应尽快抓住牢固的东西慢慢走动或停住。

➤　当被迫随人流涌动时，要用一只手紧握另一只手手腕，双肘撑开，平放于胸前，微微向前弯腰，形成一定空间，保证呼吸顺畅，以免拥挤时造成窒息晕倒，同时保护好双脚，以免被踩伤。尽量向人群的边缘移动，寻找恰当的时机尽快脱离人群。

➤　若被人流推倒，要设法靠近墙角或坚固可靠的物体，固定自己的身体。若无物体可倚靠，身体要蜷成球状，双手在颈后紧扣保护身体最脆弱的部位，两肘向前，护住两侧太阳穴，双膝前屈，护住胸腔和腹腔，侧躺在地。

➤　当发现有人突然摔倒时，要马上停下脚步，大声呼喊，给予后面的人足够的警示，不要靠近摔倒的人。如果不及时做出警示，后面不明情况的

人会被前面摔倒的人绊倒，出现连锁倒地拥挤踩踏的现象。

> 在人群中走动，遇到台阶或楼梯时，尽量抓住扶手，防止摔倒。

> 发生踩踏事故时，如果你正带着孩子，必须尽快把孩子抱起来，因为儿童身体矮小，力气也小，非常容易跌倒，出现致命危险。

> 要有良好的心理素质，遇到混乱场面时，冷静处置，否则大家争先恐后地外逃会加大危险，甚至会有谁都无法逃出的最坏结果出现。

> 出现踩踏事故时，一定要先站稳，尽量远离玻璃窗，以免玻璃破碎扎伤自己。

➤ 拥挤踩踏事故发生后，赶快报警，等待救援，在医务人员到达现场前，抓紧时间用科学的方法开展自救和互救。

踩踏伤的救治

在救治中，要遵循先救重伤员的原则。判断伤势的依据：神志不清、呼之不应者伤势较重；脉搏急促而乏力者伤势较重；血压下降、瞳孔放大者伤势较重；有明显外伤、血流不止者伤势较重。

1. 大量出血不止的处置

伤员被伤及较大的动、静脉血管，流血不止时，必须立刻采取止血措施（方法见本手册第二篇）。常见的止血方法有直接压迫止血法和指压止血法。加压包扎止血法是用干净、消过毒的厚纱布覆盖在伤口上，用手直接在敷料上施压，然后用绷带、三角巾缠绕住纱布，以便持续止血。指压止血法是用手指压住出血伤口的上方（近心端），阻断血流，以达到止血的目的。

2. 发生骨折的处置

发生骨折后，应设法固定骨折部位，防止发生位移（方法见本手册第二篇）。固定时，应针对骨折部位采取不同的方式，可用木板、木棍加捆绑的方式固定骨折部位。发生骨折无大量出血，并且事故发生地离医院较近时，可让伤员原地不动，等待医生救助。

3. 呼吸与心跳停止的处置

对呼吸与心跳停止的伤员，应采取人工呼吸与胸外心脏按压的办法进行抢救（方法见本手册第三篇）。紧急情况下，最好是有接受过专门的人工心肺复苏训练的群众，在现场携助救助他人。伤员呼吸与心跳停止时，正确及时的现场救护可挽救其生命。

二、现场急救篇

现场急救知识在国外普及率很高，然而目前在我国，人们却大多一知半解。当身边有人真正发病、受伤需要帮助时，能正确施救者很少。因此，无论是谁，都应该积极学习正确的急救知识，说不定哪天也可以成为生命的守护者。

● 如何拨打 120 电话

120 是什么？

120 是一个知名度相当高的专用电话号码，直接连通区域性医疗急救中心。它负责各类医疗急救需求的处置及急救资源的调配，包括人民群众日常遇到的危及生命健康的疾病、创伤及中毒等各种情况，以及突发公共卫生事件的紧急医学救援。概括地说，就是处理危急重症。

拨打 120 电话技巧

有人认为拨打 120 电话后直接喊救命就可以了，非常简单。其实真不是。由于 120 电话大部分是危急重症急救电话，因此，常出现拨打电话的人因紧张而使通话时间延长，或者地点让接线员误解，贻误抢救时机的现象。时间就是生命，掌握打 120 电话的技巧非常重要。

首先，要记住 120 这个电话号码。我国大陆大部分地区急救电话号码都是 120，个别地区使用 999 等其他号码。在当地生活时，知道急救电话号码非常重要。

其次，一定不能慌张。可以做深呼吸，让自己镇定下来，用普通话说清楚字词，还要仔细听接线员的问题，有条不紊地回答。

最后，明确哪些是重点内容。①基本信息，包括伤员的姓名（不清楚可用无名氏代替）、性别、年龄以及发病情况。②地址信息必须重点说清楚，应具体到门牌号，最好说明附近的建筑物。③电话信息非常重要，详细的电话信息会方便救护车及时到达需救助的地方。

等待期间需要做的事情

很多人拨打完急救电话后就在伤员身边大呼小叫，干着急，这是错误的。如果伤员出现心搏骤停，应立即实施心肺复苏（CPR），或在调度员电话指导下进行 CPR，并呼叫他人帮忙抢救伤员，这一点非常重要。在等待 120 急救人员到达期间，还应做以下事情：

（1）把就医需要的医保卡、病历、钱及住院所需其他物品准备好。

（2）保持生命通道畅通，召集身边人将小区楼道等医务人员需要通过的地方清理干净，使车床、担架等能迅速通过，节省宝贵的时间。

（3）随身携带手机，方便随时和医务人员联系。可以等在小区门口或者标志物旁边，看到救护车主动示意，以免错过。

● 急性扭伤的急救处理

本篇所述扭伤是指四肢关节或躯体部位的软组织（如肌肉、肌腱、韧带等）损伤，不包括骨折（骨折的损伤在后文详述）、脱臼、皮肉破损等。主要表现为疼痛、肿胀和活动受限，可发生于腰、踝、膝、肩、腕、肘、髋等部位。踝关节损伤尤为多见。处理不当容易引起劳损及关节松弛，给伤员生活带来诸多不便。因此必须重视扭伤的处理。

扭伤的处理原则

处理的原则又叫PRICE（价值）原则，有五项：保护（protection）、休息（rest）、冰敷（icing）、压迫（compression）、抬高（elevation）。**民间说法中要及时按摩、多多锻炼是非常错误的。保护关节和休息非常重要。**

冰敷的注意事项

在伤后24～48小时，冰敷是行之有效的手段。可以有效地阻止进一步出血和水肿，减少伤员痛苦。家庭可以购买冰袋，或者用袋子装上绿豆放于冰箱冷冻后使用。冰敷时，建议用毛巾紧贴皮肤用于防止冻伤。在扭伤发生的24小时之内，尽量做到每隔一小时用冰袋冷敷一次，每次持续半小时。

前往医院指征

以下情况需要前往医院专科诊治：①疼痛剧烈，活动严重受限，应前往医院排除骨折等情况。②经规范处理，扭伤3天左右症状无缓解，建议前往医院明确有无韧带等断裂情况。

● 烫伤的急救处理

本篇所述烫伤特指生活中常见的热损伤，比如开水烫伤、厨房蒸汽烫伤等。这些烫伤是老年人、小孩和家庭主妇们不小心常会遇到的。烫伤处理不当容易引起感染、休克等危及生命的情况，应该加以重视。

烫伤的正确处理

烫伤发生后，应立即脱去衣袜，将无破损创面（一定是皮肤没有破损）放入冷水中浸洗半小时或用流动的冷水持续冲洗被烫部位直到没有灼热感为止，还可以用凉毛巾冷敷。如果出现水疱可用消毒针刺破水疱边缘放液，涂上烫伤膏。如果烫伤组织发黑，不建议涂上药膏这些东西。所有烫伤处均可用干净的纱布、绷带或是干净的衣服缠绕以保护伤口，但切记不可过紧。应立即送医院。烫伤严重的伤员在送医院过程中可能发生生命危险，应随时观察情况，必要时施行心肺复苏。

关于烫伤处理的一些错误观念

➤ 不应使用水冲洗皮肤破损创面，否则会加重损伤和增加感染发生概率。

➤ 不能让烫伤者大量饮水，建议给予少量盐水或者少量热茶水。

➤ 所谓的牙膏和酱油治疗烫伤并不靠谱，反而会增加感染发生概率。

➤ 不要盲目使用红霉素眼膏等油性药物涂抹伤口，不但不能进行所谓的"消炎"，反而会增加感染发生概率。

➤ 不适宜用冰敷疗法治疗烫伤，因为冰的温度过低，反而会加重损伤。

● 呼吸道异物窒息

什么是呼吸道？

呼吸道是指气体出入肺的通道，包括鼻、咽、喉、气管、支气管。

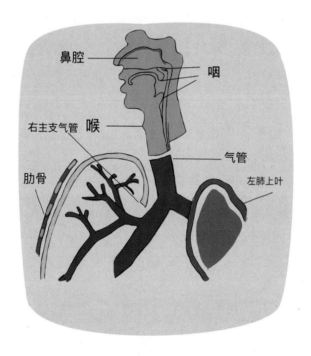

呼吸道有什么作用？

呼吸道通畅是保证呼吸的必要条件！梗阻后会导致窒息。

造成呼吸道不通畅的原因有哪些？

➤ 呼吸道被血块、泥土或呕吐物等异物堵塞。

➤ 昏迷后舌后坠堵住了呼吸道。

如何采取措施呢？

首先，需要立即去除阻塞物！尽快恢复呼吸道通气，否则伤员会因窒息死亡。解除呼吸道梗阻有以下方法：

➤ 托颌牵舌法

将伤员头仰起，救护员用一只手从伤员的下颌骨后方握住下颌并托向前侧，另一只手将舌牵出使声门通气。简单地说就是抬起下巴，把后坠的舌头拉出来。

➤ 指抠口咽法

救护员用一只手的拇指和食指将舌头拉出，再用另一只手伸入口腔和咽部，迅速将血块、异物等取出，使声门恢复通气。

➤ 击背法

使伤员上半身前倾或处于半俯卧位，救护员一只手托在其胸骨前，另一只手的手掌猛击伤员的两肩胛骨之间的脊柱，促使伤员咳嗽将上呼吸道阻塞物咳出。应注意本法不是拍背，而是猛击背部，开放呼吸道一般不使用拍背法。

➤ 垂俯压腹法（推荐手法）

此法即海姆利希手法（Heimlich maneuver），又称海氏手技。救护员从背侧用双手围抱住伤员的腰部和肋下缘之间的腹上部，将伤员提起使其上半身垂俯，并用双手用力压腹促使上呼吸道阻塞物咳出。

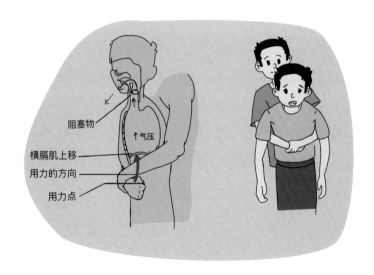

➤ 婴幼儿（0～2岁）特殊手法

有人称之为海氏手技婴孩版。一只手掌托住伤儿胸部，拇指和食指托着伤儿下颌，让其身体前倾，面部、呼吸道朝下，头低于臀部，另一只手用力拍伤儿两肩胛骨间 5 次。如果无效，再将伤儿翻正，在伤儿胸骨下半段，用食指及中指压胸 5 次。重复上述动作，直到异物吐出来为止。一定注意在操作时应同时呼叫救护车，以防万一。

然后，保持伤员呼吸道处于开放状态，直到专业救援人员赶来！

具体方法有：

➤ 仰头举颏法：救护员将一手掌小鱼际（小拇指侧）置于伤员前额，下压使其头部后仰，另一只手的食指和中指置于靠近颏部的下颌骨下方，将颏部向前抬起，帮助头部后仰，开放呼吸道。必要时拇指可轻牵下唇，使口微微张开。

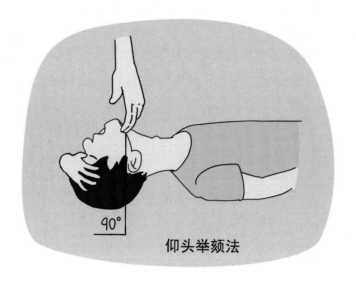

仰头举颏法

➤ 仰头抬颈法：伤员仰卧，救护员一只手抬起伤员颈部，另一只手以小鱼际侧下压伤员前额，使其头后仰，呼吸道开放。

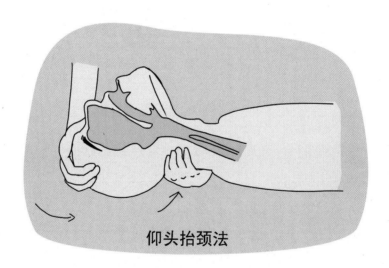

仰头抬颈法

➤ 双手抬颌法：伤员平卧，救护员用双手从两侧抓紧伤员的双下颌并托起，使头后仰，下颌骨前移，即可打开呼吸道。此法适用于颈部有外伤者，以下颌上提为主，不能将伤员头部后仰及左右转动。

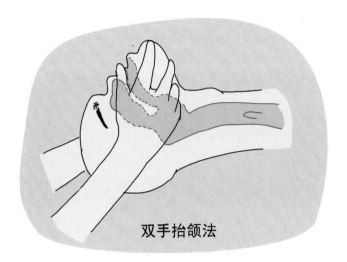

双手抬颌法

注意事项：颈部有外伤者只能采用双手抬颌法开放呼吸道。不宜采用仰头举颏法和仰头抬颈法，以避免进一步脊髓损伤。另外，如伤员仍无呼吸，则需在心肺复苏的基础上进行人工呼吸！

● 止血

成年人血容量约占体重的8%，即4000～5000毫升。

出血过多，会有哪些危害？

➤ 失血20%，有头晕、脉搏增快、血压下降、出冷汗、肤色苍白、少尿等症状。

➤ 失血40%，有生命危险。

➤ 如心脏及大血管破裂所致的严重出血，可致伤员立即死亡。

正常情况下，哪些材料可以用来止血？

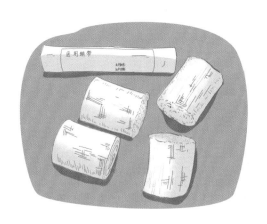

紧急情况下，哪些材料可以用来止血？

哪些材料严禁用来止血？

绳索

电线

铁丝

怎么判断是哪种出血？

➤ 动脉出血：颜色鲜红，有搏动或呈喷射状，出血量多、速度快，不易止住。

➤ 静脉出血：颜色暗红，流出缓慢，多不能自愈。

➤ 毛细血管出血：血色红，血液呈点状或片状渗出，可自愈。

快速止血的方法有哪些？

包：原则是先盖后包，力度适中。

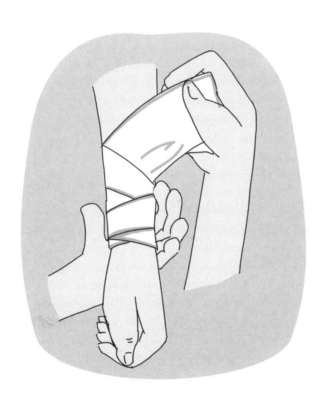

压：用手按住出血区。分两种：一种是伤口直接压迫止血法；另一种是指压止血法。

塞：四肢较深、较大的伤口或腋窝、肩、口鼻或其他盲管伤处的填塞止血。

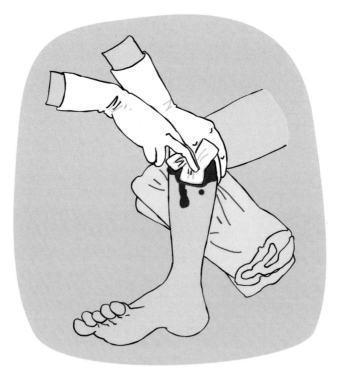

捆：仅适用于四肢大动脉出血或加压包扎不能有效控制的大出血。

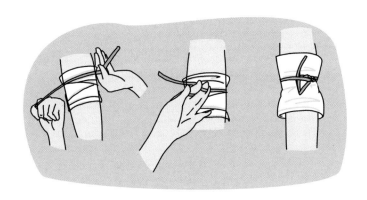

● 包扎

包扎有什么意义?

保护伤口，防止进一步感染，减少感染机会；减少出血，预防休克；保护内脏和血管、神经等重要解剖结构。

包扎时操作要点有什么?

➤ 快　发现、暴露伤口快，包扎快。

➤ 准　部位准确。

➤ 轻　动作轻，不碰撞伤口，以免增加伤口出血和增强疼痛感。

➤ 牢　牢靠，松紧适宜，打结时应避开伤口和不宜压迫的部位。

➤ 细　处理伤口要仔细。

常用的包扎方法有哪些?

1.三角巾包扎

➤ 头面部包扎

适用于头顶部、颞部、前额部、枕部、耳部、面颊部、下颌部伤口。

➤ 上肢悬吊式包扎

三角巾底边的一端置于健侧肩部，屈曲伤侧肘80°左右，将前臂放在三角巾上，然后将三角巾向上反折，使底边另一端到伤侧肩部，绕至颈后与另一端打结，最后折平三角巾顶角用别针固定。

➤ 胸背部伤的包扎

胸部伤包扎时将三角巾顶角放在肩上，将底边两端围绕躯干在背后打结，然后再拉至肩部与顶角系带打结。背部伤包扎时，将三角巾换至背部即可。

➤ 膝部伤的包扎

将三角巾三折向内，斜放于膝部伤口上，两端于膝后交叉绕至前方。压住上下两边，在膝内侧打结。

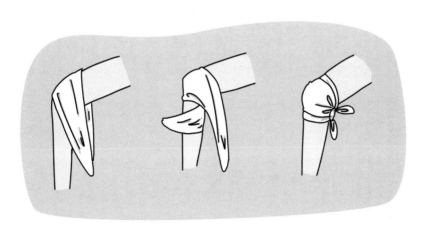

➤ 手（足）伤的包扎

手心向下平放在三角巾上，顶角反折覆盖，折叠手指两侧的三角巾，将两底角拉向手背，左右交叉压住顶角后绕手腕打结。同法包足。

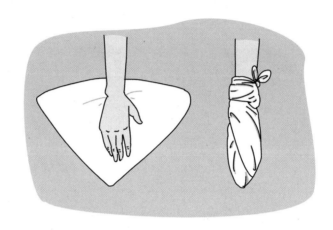

2. 绷带包扎

绷带包扎常用方法有环绕法、螺旋法、"8"字法。

包扎过程中的注意事项有哪些？

➤ 尽量选用无菌或相对干净的包扎材料，避免感染。

➤ 包扎应超出创面边缘 5 ～ 10 厘米。

➤ 应由肢体远端向近端实施加压。

➤ 松紧度适宜。

➤ 对头颅、腹部外露的组织应用凹形物保护。

➤ 包扎四肢时，应将指（趾）端外露，以便观察血液循环。

➤ 绷带包扎时，为防止滑脱，应先环形缠绕数周以固定起点，包扎完毕，再环形缠绕 2 周，以保证固定充分。

➤ 在肢体的骨隆突或凹陷处，如内外踝、腋窝及腹股沟等处，应先垫好棉垫再行包扎。

➤ 绷带及三角巾的固定结应位于肢体的外侧面，不在伤口、骨隆突处或易受压的部位打结。

不建议包扎的情形

➤ 全身大面积烧伤。

➤ 头颅外伤，"七窍"出血。

➤ 异物插入伤，切不可为包扎而拔除外露的异物。

➤ 腹部伤致肠外露，其他内脏不能还纳。

➤ 动物咬伤，如猫、狗、蛇咬伤。

● 固定

骨折是日常生活中突发性的紧急事件，当我们遇到骨折时该如何处理呢？如何正确地进行骨折固定呢？首先，我们要保持镇定，立即拨打急救电话。

怎样判断是否骨折？

➤ 疼痛剧烈，尤其在骨折处有明显压痛。

➤ 肿胀。

➤ 骨折处局部畸形，造成受伤部位的形状改变。

➤ 骨摩擦音。骨折断端互相摩擦所发生的声音即骨摩擦音。注意千万不要为了听骨摩擦音而去反复移动骨折断端。

➤ 功能障碍。骨折后原有的肢体运动功能受到影响甚至完全丧失。

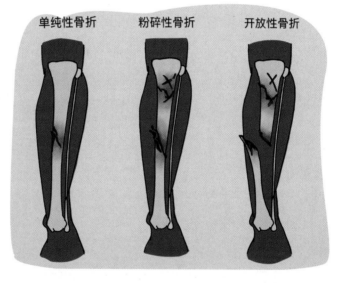

骨折分类

注意事项：开放性骨折禁用水冲，不涂药物，保持伤口清洁。外露的断骨严禁送回伤口内。

什么情况下需要固定？

➤ 疑有骨折的肢体或躯干。

➤ 关节损伤。

➤ 血管、神经损伤及大面积软组织伤等。

注意事项：本着先救命后治伤的原则，呼吸、心跳停止者应立即进行心肺复苏。有大出血时，应先止血，再包扎，最后再固定骨折部位。

固定的目的是什么？

复位、固定、愈合是骨折治疗三部曲，而固定则是复位与愈合的承上启下环节，其目的如下：

➤ 巩固复位效果。

➤ 加快愈合速度，促进愈合质量。

➤ 制动，止痛、减轻伤员痛苦。

➤ 防止伤情加重，防止休克，保护伤口，防止感染，便于运送。

注意事项：骨折固定的目的，只是限制肢体活动，不要试图把骨折复位。

骨折固定的材料有哪些？

➤ 夹板：没有定型夹板时，也可利用伤员胸部、健肢或木棒、树枝、竹竿等代替夹板，上肢可利用厚纸板、画册等。

➤ 敷料：有两种，一种是作衬垫用的，如棉花、衣服、布等；另一种是用来绑夹板的，如三角巾、绷带、腰带等。绝对禁止使用铁丝之类东西。如无任何物品亦可固定于伤员躯干或健肢上。

注意事项：固定材料不能与皮肤直接接触，要用棉花等柔软物品垫好，尤其骨突出部和夹板两头更要垫好。

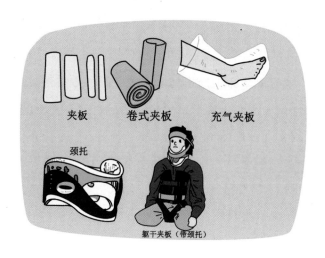

夹板　　卷式夹板　　充气夹板

颈托

躯干夹板（带颈托）

常见骨折的固定有哪些？

1. 锁骨骨折固定

在两腋下各垫上一块棉垫或毛巾，用"8"字绑带法固定，也可用2条三角巾条带固定两肩部，三角巾条带余端拉紧，在背后打结连接，使双肩外展，避免骨折断端相互摩擦。

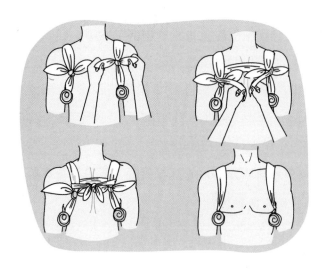

2. 上臂骨折的固定

用2～4块木板（铁丝夹板、硬纸板等）夹住上臂，布带缠绕固定，前臂屈肘贴胸固定。

注意事项： 如无固定材料，可将上臂紧贴胸部包扎固定。这种固定方法简单，所需器材少，但由于胸壁有一定运动幅度，因此，固定不够稳固，故只适用于急救。

3. 前臂骨折的固定

将两块木板置于前臂两侧，布带缠绕固定，前臂屈肘悬吊于胸前。

· 将上肢轻放于功能位。

- 置平板超肘腕关节，并在隆突处加垫。

- 先固定骨折上端，再固定骨折下端。

· 检查末梢血液循环。

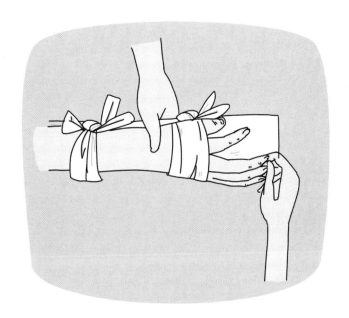

· 用大悬臂带悬吊前臂。

注意事项：①对四肢骨折断端固定时，先固定骨折上端，后固定骨折下端。②固定完毕后，指端露出，随时检查末梢血液循环，如有皮肤苍白青紫、发冷、麻木等情况，立即松开重新固定。

4. 下肢的固定

下肢骨干粗大，骨折常由巨大外力，如车祸、高空坠落及重物砸伤所致，损伤严重，出血多，易出现休克。

缺乏工具时如何固定？

用三角巾、腰带、宽布带等将双下肢固定在一起；两膝、两踝及两腿间隙之间垫好衬垫；"8"字绑带法固定足踝；趾端露出，检查末梢血液循环。

- 救护员轻抬起健肢与伤肢并拢。

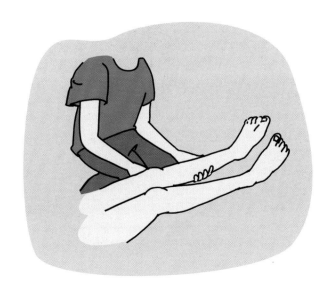

- 放好宽布带，双下肢间加厚垫。

- 先固定骨折上端，再固定骨折下端，然后再依次将布带扎紧。

- 双踝关节"8"字绑带法固定。

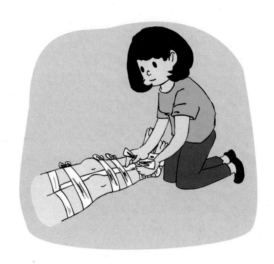

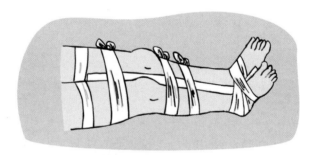

• 检查肢体末梢血液循环。

注意事项：对于大腿、小腿和脊柱骨折，应就地固定，不要随便移动伤员。

有木板、绷带等工具时怎样固定？

简易夹板固定法：用木板、竹板等作为临时固定工具，对于大腿，特别是髋关节的损伤，长度最好上抵腋窝，下面长出足底，用绷带或三角巾将其固定于伤肢和躯干部。

注意事项：小腿骨折固定时切忌过紧，在骨折处要加厚垫保护，出血、肿胀严重时会导致骨筋膜室综合征，造成小腿缺血、坏死，发生肌肉挛缩畸形。

脊柱骨折的固定

• 脊柱板／木板固定：双手牵引头部恢复颈椎轴线位，用颈托或自制颈套固定；保持伤员身体长轴一致位侧翻，放置脊柱板，将伤员平移至脊柱板上；将头部固定，双肩、骨盆、双下肢及足部用宽布带固定在脊柱板上，以免运输途中颠簸、晃动而加重伤员伤势。

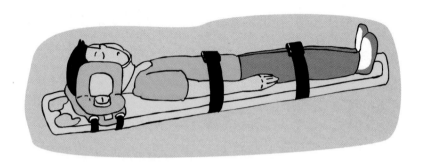

注意事项：脊柱骨折可压迫脊髓造成伤员瘫痪，对于疑有脊柱损伤者，不应做任意搬动或扭曲脊柱，搬运时应使脊柱保持伸直，顺应伤员脊柱轴线滚身移至硬担架或脊柱板上。严禁采用1个人抱送或2个人抬肢体远端的方式搬动疑有脊柱脊髓损伤者。

骨盆骨折的固定

让伤员处于仰卧位，两膝下放置软垫，膝部屈曲以减轻骨盆骨折的疼痛；用宽布带从臀后向前绕骨盆，捆扎紧；在下腹部打结固定；两膝之间加放衬垫，用宽布带捆扎固定。

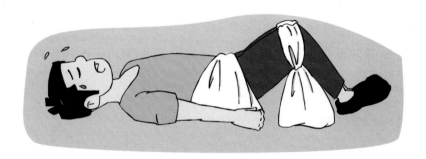

注意事项：防止失血性休克和并发直肠、尿道、阴道、膀胱等脏器损伤。

● 搬运

转移前做什么？

> 寻找现场可用的器材和物资。

> 查看伤员的受伤部位。

注意事项：不要生拉硬拽，要慢慢移动，注意保护脊柱，避免致残、致死。

有器材，怎么搬？

➤ 担架搬运法：出于安全和便于观察伤员病情变化考虑，在平地时让伤员脚朝前方；在上楼梯、上坡或抬上救护车时，则应让伤员头部朝前较好。

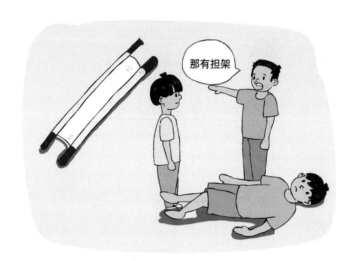

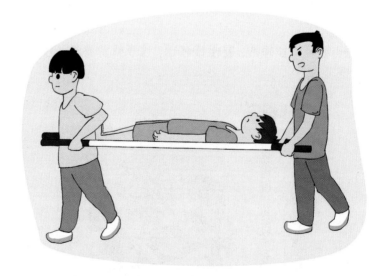

毛毯搬运法：

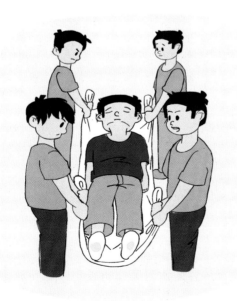

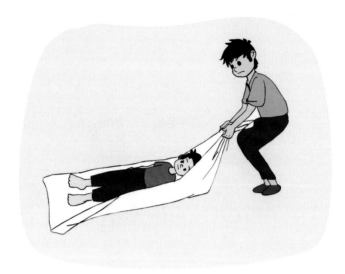

> 椅子搬运法：

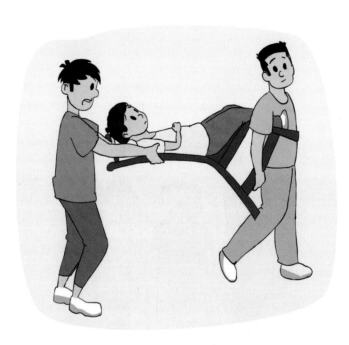

注意事项：上述三种方法适用于伤势较重、体重较重不宜徒手搬运，且转运距离较远的伤员。

没有器材，就我一人，怎么搬？

> 如果伤员伤势不重，神智清楚，可采用扶、背、抱的方法将伤员运走。

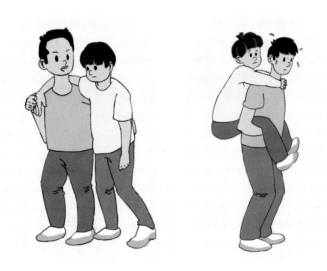

> 如果伤员昏迷，可采用肩扛法。

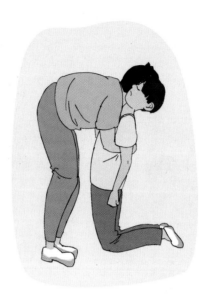

注意事项：上述四种方法不适用于上下肢或脊柱骨折的伤员搬运。

> 如果伤员无法站立，体重较重，或者处在空间狭窄或有浓烟的环境下，还可用拖拉法和爬行法。

拖拉法

爬行法

没有器材，两个人，怎么搬？

四手坐抬法（轿杠式）

两手坐抬法（椅托式）

拉车式

扶持法

没有器材，而且伤员脊柱骨折，怎么搬？

　　三人搬运法：救护员站在伤员的右侧，将伤员的双手交叉放在腹前，三人双手插入伤员身下，分别抬肩、抬臀、抬小腿，同时将伤员平托抬起、搬运。

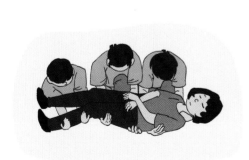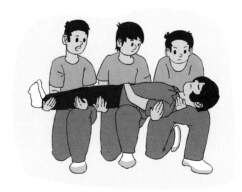

三人搬运法

没有器材，而且伤员脊柱（含颈椎）骨折，怎么搬？

四人搬运法：在三人搬运法基础上，增加一人，负责牵引头部。

四人搬运法

没有器材，但是有很多人，怎么搬？

　　伤员两侧各站数人，间隔平均，手掌向上，用手臂的力量，共同将伤员平托抬起。

　　此法同样适用于脊柱（含颈椎）骨折的伤员。

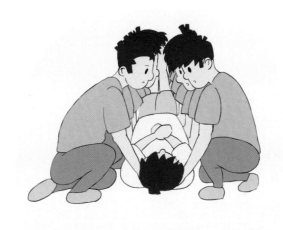

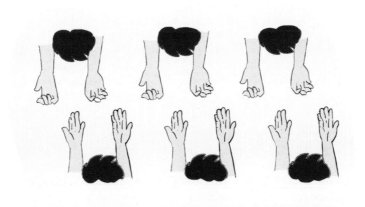

多人搬运法

搬运途中的注意事项

1. 搬运特殊损伤伤员时应注意的体位

➢ 颅脑损伤者：伤员应取侧卧或半俯卧位，以保持呼吸道通畅，固定头部以防震动。

➢ 脊柱损伤者

• 颈椎骨折：应采用在颈部两侧垫放衣物等方法将颈椎固定后再搬运。

• 胸腰椎骨折：应有3～4人在场时同时搬运，搬运时动作要一致，伤员的胸腰部要垫一薄枕，以保持胸腰椎部处于过伸位，搬运时整个身体要维持在一条线上。常用的搬运方法有滚动法和平托法两种。

➢ 高血压脑出血者：头部可适当垫高，减少头部的血流。

➢ 昏迷者：可将其头部偏向一侧，以便呕吐物或痰液等污物顺着流出来，避免因吸入呼吸道造成窒息。

➢ 外伤出血处于休克状态者：可将其头部适当放低些。

➢ 胸部外伤、心脏病突发者：因呼吸困难，搬运时的体位采用半坐卧位。

2. 正确的搬运姿势和技巧

➢ 稳定站立、背部和头部挺直、双手抓牢、尽量将伤员重心贴近搬运者的身体。

3. 担架搬运注意事项

➢ 用担架搬运伤员时，担架员要尽量步调一致，保持担架平稳，上下台阶时要保持担架在相对水平状态。

请大家牢记：野蛮方法不可取，正确搬运要学会！

三、CPR、AED 篇

心搏骤停者在现场如能给予及时、正确的抢救，不仅可以复苏而且很少留有后遗症，多能重新投入正常工作和生活。目前我国心脏性猝死现场抢救成功率不到 1%，国际水平在 15%，差距较大，为缩短差距，应积极开展科学研究，规范培训教学，号召全民参与共同努力。20 世纪下半叶，自动体外除颤器（AED）被发明出来并为公众所使用，现已发展至全自动水平，被誉为"起死回生器械"。心肺复苏（CPR）、AED 的联合使用，使抢救成功率大大提高。本篇主要介绍此两项关键性技术。

● 心肺复苏（CPR）

什么叫心搏骤停？有什么危害？

心搏骤停是指心脏射血功能突然终止。心搏骤停一旦发生，如得不到及时的抢救复苏，4 分钟后会造成伤员大脑和其他重要器官组织的不可逆损害。故 4 分钟内实施心肺复苏是挽救伤员生命的有效措施，这 4 分钟又称为黄金四分钟。

心搏骤停如何发生的？

1. 心脏病病人　冠状动脉硬化或痉挛引起。

2. 外界环境因素

3. 其他

怎么判断心搏骤停？

1. 意识突然丧失

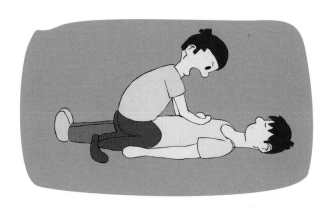

2. 呼吸变为叹息样或停止

3. 大动脉搏动消失

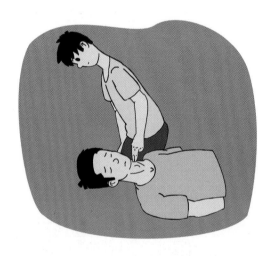

如何进行心肺复苏？

1. 环境评估

➤ 救护员通过视、听、嗅觉及思维整合快速判断抢救现场环境是否安全。

2.判断意识

➤ 确定环境安全后，确认意识是否丧失。救护员可轻拍伤员肩膀，在头部两侧大声呼叫伤员："喂！你怎么啦？你还好吗？"

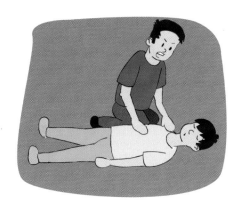

3.高声呼救

➤ 向周边群众寻求帮助，"快拨打120""附近有AED吗？有的话请拿来"。

4.判断脉搏和呼吸

➤ 医务人员可用同侧食指和中指触摸伤员颈动脉（位于气管旁2横指处）搏动情况（非医务人员可省略此步骤），同时看胸部有无起伏，判断伤员有无正常呼吸，时间不超过 10 秒钟。

5. 胸外按压（C）

➤ 解开衣服纽扣或拉链，暴露胸部。

➤ 抢救体位：确保伤员仰卧在坚固的平坦表面上。如果伤员俯卧，小心地将他翻过来，如果怀疑伤员有头部或颈部损伤，将伤员翻转为仰卧位时应尽量使其头部、颈部和躯干保持在一条直线上。

➤ 按压部位：掌根部放至两乳头连线的中点与胸骨交叉，或者胸骨下部 1/2 处。

➤ 按压姿势：双手交叠，肘关节伸直，肩关节收紧，髋关节作为支点，利用自身重量进行按压。

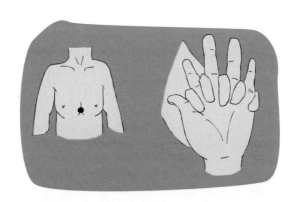

➤ 按压深度：5～6 厘米（成人）。在每次胸外按压时，确保垂直按压伤员的胸骨。

➤ 按压频率：100～120 次 / 分。

➤ 回弹：避免倚靠伤员胸廓，保证伤员胸廓充分回弹。尽量减少按压中断时间。

➤ 对儿童（1 岁至青春期）进行胸外按压时，按压部位与按压频率与成人相同，但按压深度至少为胸部前后径的 1/3（或约为 5 厘米），动作要平稳，不可用力过猛。儿童按压方法为将双手或一只手（对于很小的儿童可用）放在胸骨的下半部。

如胸外心脏按压的对象是婴儿（不足 1 岁），其操作与成人及儿童有一定区别。婴儿的按压深度至少为胸部前后径的 1/3（或约为 4 厘米），按压方法：如是 1 名救护员，手的位置是将 2 根手指放在婴儿胸部中央，乳头连线正下方；如是 2 名以上救护员，手的位置为双手拇指环绕放在婴儿胸部中央，乳头连线正下方。婴儿按压频率也与成人相同。

6. 开放呼吸道（A）

➢ 用一只手小鱼际放在伤员前额向下压迫；同时用另一只手食指、中指并拢，放在下颏部的骨性部位向上提起，使得颏部及下颌向上抬起、头部后仰至耳垂与下颌角连线垂直于地面，呼吸道即可开放。

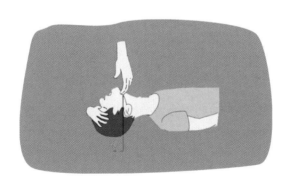

7. 人工呼吸（口对口呼吸）（B）

➢ 平静吸气，用嘴严密包合伤员口周，缓慢吹气，每次持续超过 1 秒钟，胸廓有起伏证明有效。

➢ 通气频率：10～12 次 / 分（＜8 岁者 12～20 次 / 分）。

➢ 按压 / 吹气比例为 30:2。2 名以上救护员抢救婴儿时，按压 / 吹气比例为 15:2。

注意：复苏过程中，如果 AED 到达现场，立即使用。

● 自动体外除颤器（AED）

什么是自动体外除颤器？

自动体外除颤器又称自动体外电击器、自动电击器、自动除颤器、心脏除颤器及傻瓜电击器等，是一种便携式的医疗设备，它可以诊断特定的心律失常，并且给予电击除颤，是可被非专业人员使用的用于抢救心搏骤停伤员的医疗设备。

什么情况下使用？

伤员脉搏停止时使用。但是，它并不会对无心率且心电图呈水平直线的伤员进行电击。也就是说，AED 本身并不能让伤员恢复心跳，而是通过电击使致命性心律失常（如室颤、室扑及无脉性室速等）终止，之后再通过心脏高位起搏点兴奋重新控制心脏搏动从而使心脏恢复跳动。

怎么使用？

（1）打开 AED 的包装，打开开关。

（2）根据语音提示，贴电极片。

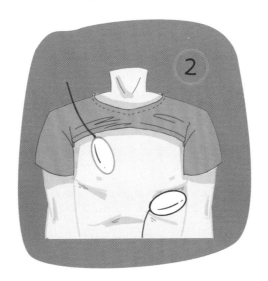

（3）根据语音提示，如果建议电击，救护员大声说出："请所有人离开。"环顾确认没有人接触伤员，按下电击按钮。如果无须电击，或者电击完成后，请立即从胸外按压开始进行心肺复苏。

（4）约5个心肺复苏循环或2分钟后，AED会提示重新分析心律。